Django

プロフェッショナル
Webプログラミング

田中 潤、伊藤陽平 共著

エムディエヌコーポレーション

本書に掲載した会社名、プログラム名、システム名、サービス名などは一般に各社の商標または登録商標です。

本文中で™、©は明記していません。

本書は著作権法上の保護を受けています。著作権者、株式会社エムディエヌコーポレーションとの書面による同意なしに、本書の一部あるいは全部を無断で複写・複製、転記・転載することは禁止されています。

本書は2021年2月までの情報を元に執筆されています。それ以降の仕様、URL等の変更により、記載された内容が実際と異なる場合があります。

本書をご利用の結果生じた不都合や損害について、著作権者及び出版社はいかなる責任も負いません。

はじめに

　本書は、Python、Djangoをはじめて学ぶ初級者から、Webアプリケーションの開発を通して中級者を目指す人を対象にした入門書です。

　近年、AI開発を中心にPythonがますます注目されています。Pythonは初心者にもやさしい言語で、「パッケージ」や「フレームワーク」という便利な「部品」が数多く提供されているのも人気の理由です。その一つであるDjangoを使用すると、よく見かけるような会員制サイトなども簡単に開発できます。たとえば、YouTubeやInstagramでも活用されています。
しかし、Djangoの日本語書籍はまだ少なく、これまでは初心者が学ぶにはハードルが高いと感じていました。そんな状況を何とかできないかと思い、本書の執筆に至りました。
　本書は筆者がエンジニアとして得た実践的な知識をお伝えするべく、実際の開発の流れに沿って学べる構成となっています。環境構築が苦手な方でも学習を進められる内容なので、初心者の方もご安心ください。

　プログラミングの学習は、とにかくコードを書いて実際に動かしてみることが重要です。コードが理解できなかったり、エラーが出てしまったりすることがあるかも知れませんが、まずは立ち止まらず最後まで諦めずに開発を進めてください。そうすると開発の流れや全体像が見えてきます。
　本書を通して、PythonやDjangoを楽しんで学んでいただければ、著者として望外の喜びです。

田中　潤、伊藤　陽平

CONTENTS

本書の使い方 ……………………………………………………………… 009

PART1

Pythonの基本を学ぶ

▶ CHAPTER1　Pythonとは？

01　なぜPython、Djangoが求められているのか ……………… 012
02　Google Colaboratoryの操作方法 ……………………… 017
03　「Hello, world!」を表示してみよう ………………………… 021

▶ CHAPTER2　Pythonの第一歩

01　Pythonで計算する ……………………………………… 026
02　変数について ……………………………………………… 031
03　リスト、辞書、タプルについて ……………………………… 036
04　比較演算子、論理演算子 ………………………………… 045

▶ CHAPTER3　Pythonの文法をマスターしよう

01　条件分岐 …………………………………………………… 048
02　繰り返し …………………………………………………… 051
03　例外処理 …………………………………………………… 055
04　関数について ……………………………………………… 060

05 クラスについて ……………………………… 063

06 モジュール、パッケージ、ライブラリについて ……………… 067

PART2
Djangoの基本を学ぶ

▶ CHAPTER1　Djangoとは？

01 なぜDjangoが求められているのか ………………………… 074

02 Djangoの役割 ……………………………………………… 076

▶ CHAPTER2　Djangoの第一歩

01 開発環境の準備 ……………………………………………… 080

02 CUIの基本的なコマンド …………………………………… 087

03 PythonとDjangoのバージョン ……………………………… 091

04 プロジェクトとアプリケーションを作成する ………………… 094

05 開発用サーバを動かそう …………………………………… 096

06 マイグレーションと管理ページ ……………………………… 102

▶ CHAPTER3　ビューを作ってみよう

01 ビューとは ……………………………………………………… 106

02 テンプレートを作ってみよう ………………………………… 112

03 モデルを作ってみよう ………………………………………… 119

▶ CHAPTER4　Djangoの基本をマスターしよう

01　MTVをもっと便利に ································· 136
02　フォームを作ってみよう ····························· 141
03　ログイン、ログアウトを使ってみよう ··············· 149

PART 3
DjangoでSNSを作る

▶ CHAPTER1　SNSを作ってみよう

01　機能を考えよう ································· 154
02　環境を準備しよう ······························· 156
03　Bootstrapについて ····························· 165
04　HTML/CSSを確認しよう ························· 167
05　POSIIの画面を作ろう ··························· 172

▶ CHAPTER2　テンプレートを作ってみよう

01　テンプレートファイルを作ろう ··················· 180

▶ CHAPTER3　モデルと会員機能を作ってみよう
01　モデルを作ってみよう ··························· 192
02　django-allauthで会員機能を作ってみよう ········· 196
03　プロフィールページを作ってみよう ··············· 211

▶ **CHAPTER4** **タイムラインを完成させよう**

01 投稿機能を作ってみよう ⋯⋯⋯⋯⋯⋯⋯⋯⋯⋯⋯⋯⋯⋯⋯ 218

02 投稿の一覧を作ってみよう ⋯⋯⋯⋯⋯⋯⋯⋯⋯⋯⋯⋯⋯⋯ 222

03 投稿の削除機能を作ってみよう ⋯⋯⋯⋯⋯⋯⋯⋯⋯⋯⋯⋯ 228

04 ほめる機能を作ってみよう ⋯⋯⋯⋯⋯⋯⋯⋯⋯⋯⋯⋯⋯⋯ 231

▶ **CHAPTER5** **最終調整をしよう**

01 エラーコードページを作ってみよう ⋯⋯⋯⋯⋯⋯⋯⋯⋯⋯ 238

02 ファビコンを作ってみよう ⋯⋯⋯⋯⋯⋯⋯⋯⋯⋯⋯⋯⋯⋯ 242

03 テストを動かしてみよう ⋯⋯⋯⋯⋯⋯⋯⋯⋯⋯⋯⋯⋯⋯⋯ 244

PART 4
アプリケーションを公開する

▶ **CHAPTER1** **AWSでの本番環境**

01 AWSとは ⋯⋯⋯⋯⋯⋯⋯⋯⋯⋯⋯⋯⋯⋯⋯⋯⋯⋯⋯⋯⋯⋯⋯ 248

02 S3を使ってみよう ⋯⋯⋯⋯⋯⋯⋯⋯⋯⋯⋯⋯⋯⋯⋯⋯⋯⋯⋯ 249

03 DjangoでS3を使ってみよう ⋯⋯⋯⋯⋯⋯⋯⋯⋯⋯⋯⋯⋯⋯ 256

▶ CHAPTER2　デプロイに挑戦しよう

01　EC2とRDSについて学ぼう ………………………………………… 262
02　Elastic Beanstalkで行うデプロイ ……………………………… 264

▶ CHAPTER3　ドメイン購入とSSLの設定

01　Route 53でドメインを取得しよう ……………………………… 276

APPENDIX

01　Pythonのインストール Windows10編 ……………………… 288
02　Pythonのインストール Mac編 ………………………………… 290
03　テキストエディタとIDE ……………………………………………… 292
04　Cloud9のユーザー認証と環境の削除 ……………………… 293
05　管理画面をカスタマイズする …………………………………… 295
06　Django Debug Toolbar ……………………………………………… 299
07　初めてのDjango REST framework ……………………………… 301
08　Linuxコマンド一覧 ………………………………………………… 313

INDEX ……………………………………………………………………………… 315

本書の使い方

　本書に沿って基礎を一通り学び、実際にWebサービスを作っていくことで、Python、DjangoでのWebアプリケーションの開発を学ぶことができます。現役Webエンジニアの目線で、Webサービスの開発に欠かせない現場で活かせるノウハウもご紹介しています。

　本書で扱うコードは、すべてダウンロードしていただけます。

本書のコードの表記について

　本書では掲載コードを以下のように表記しています。

```
…省略…

前に解説した状態から変わっていない
場合は省略する場合があります

ALLOWED_HOSTS = ['9b78eba030794ceabe7008fb67f3f5bb.vfs.cloud9.ap-north
east-1.amazonaws.com']

…省略…

1行のコードが長い場合は折り返して掲載しています。1行で繋がっている場合、改行を示す点線は行
間に入りません
```

本書のダウンロードデータについて

　本書の解説で使用しているコードやファイルは下記のURLからダウンロードいただけます。詳しい使い方につきましては、ダウンロードデータの中にある「はじめにお読みください.html」をご覧ください。

```
https://books.mdn.co.jp/down/3220303045/
```

[ご注意]
- 弊社Webサイトからダウンロードできるサンプルデータは、本書の解説内容をご理解いただくために、ご自身で試される場合にのみ使用できる参照用データです。その他の用途での使用や配布などは一切できませんので、あらかじめご了承ください。
- 弊社Webサイトからダウンロードできるサンプルデータの著作権は、それぞれの制作者に帰属します。
- 弊社Webサイトからダウンロードできるサンプルデータを実行した結果については、著者および株式会社エムディエヌコーポレーションは一切の責任を負いかねます。お客様の責任においてご利用ください。
- 本書に掲載されているPythonなどの改行位置などは、紙面掲載用として加工していることがあります。ダウンロードしたサンプルデータとは異なる場合がありますので、あらかじめご了承ください。
- 本書は2021年2月までの情報を元に執筆されています。それ以降の仕様、JRL等の変更により、記載された内容が実態と異なる場合があります。

PART1

Pythonの基本を学ぶ

PART1ではPythonの基本的な文法、そしてブラウザからコードを実行することができるGoogle Colaboratory（Colab）の使い方を、コードを動かしながら学んでいきます。

CHAPTER

1

Pythonとは？

01 なぜPython、Djangoが求められているのか
02 Google Colaboratoryの操作方法
03 「Hello, world!」を表示してみよう

なぜPython、Djangoが求められているのか

ここではPythonの特徴と、昨今Python、Djangoが注目されている理由について紹介します。

Pythonとは

Pythonはもともと、オランダ人のGuido van Rossum氏が趣味で開発を始めたプログラミング言語です。その最大の特徴は、データサイエンスからWebアプリケーションの開発まで、幅広い分野で活用できることです。また、コードがとてもシンプルなので、初心者向けのプログラミング言語にも適しています。

MEMO
Python公式サイト
https://www.python.
org/

今、Pythonが注目されている理由

Pythonは、世界的に利用されているプログラミング言語の一つです。人工知能（機械学習）の現場でも使われていることは有名ですが、Googleが提供する「Tensor Flow」のようにターミナルで1行コマンドを入力するだけでインストールすることができる機械学習ライブラリも登場しています。

Pythonを学ぶことで、プログラミングによる機械学習の実装の可能性が大きく広がるでしょう。

ソフトウェア企業のTIOBEが発表した2020年にインターネットで検索されたプログラミング言語のランキングでは、1位のC言語と2位のJavaなど有名な言語に次いでPythonが3位でした 01 。

01　2020年プログラミングランキング

Dec 2020	Dec 2019	Change	Programming Language	Ratings	Change
1	2	⌃	C	16.48%	+0.40%
2	1	⌄	Java	12.53%	-4.72%
3	3		Python	12.21%	+1.90%
4	4		C++	6.91%	+0.71%
5	5		C#	4.20%	-0.60%
6	6		Visual Basic	3.92%	-0.83%
7	7		JavaScript	2.35%	+0.26%
8	8		PHP	2.12%	+0.07%
9	16	⌃	R	1.60%	+0.60%
10	9	⌄	SQL	1.53%	-0.31%

MEMO
出典：TRIBE(https://www
.tiobe.com/tiobe-
index/)

Djangoの魅力

Djangoは、Pythonに対応するWebアプリケーションフレームワークです。

Webアプリケーションフレームワークとは、Webアプリケーションの開発をサポートするものです。会員機能やデータの登録などによく利用される機能が提供されており、フレームワークに従ってコードを書くことで簡単に実装することができます。フルスタックのフレームワークとして、大規模なWebアプリケーションを効率的に開発できることが魅力です。そのため、DjangoはYouTubeやInstagramなど世界的なサービスでも採用された実績があります。

ぜひ、DjangoとPythonはセットで学習してください。Python初心者の方は、まずはPART1から学習を進めましょう。

プログラミング言語としての特徴

Pythonは、他の言語に比べて文法がシンプルです。

例えば、ブラウザやターミナル上に「Hello, world!」という文を表示させるプログラムを実行する場合、Pythonでは、 **02** のようにプログラムを書きます。

02 PythonにおけるHello, world!の例

```
print("Hello, world!")
```

それでは、他の言語で書く場合はどうなるでしょうか。C言語とJavaは、それぞれ **03** と **04** のようになります。

03 C言語におけるHello, world!の例

```
#include <studo.h>

main()
{
        printf("Hello, world!¥n");
}
```

`04` JavaにおけるHello, world!の例

```
public class HelloWorld{
    public static void main(String[] args){
        System.out.println("Hello, world!");
    }
}
```

　それぞれの言語の特性は異なりますが、"Pythonでは簡潔にプログラムを書くことができる"ことがイメージしていただけたでしょうか。

　C言語やJavaでは、プログラムの区切りで「{ }」（波かっこ）や「;」（セミコロン）を用いますが、Pythonではインデント（字下げ）をします。そのため、Pythonの文法に従って記述すると、自然と読みやすいコードになります `05` 。

`05` Pythonにおけるインデントの例

```
a = True
b = True

if a == True:
    if b == True:
        print("aもbも正しいです")
```

　「:」（コロン）ごとにインデントを設定することで、階層が見やすくなっています。実行結果を `06` に示します。

`06` 実行結果

```
aもbも正しいです
```

　JavaScriptを利用して同じプログラムを書くこともできます `07` 。実行結果を `08` に示します。

> **MEMO**
> インデントには、タブもしくはスペースを使用します。スペースを入れる場合は、2つまたは4つ入れます。タブとスペースのどちらを使用するか、スペースをいくつ入れるかは、現場でも意見が分かれることがあります。どちらでも問題ありませんが、チームで開発する場合は、統一したほうがよいでしょう。インデントがないとエラーになる場合があるので注意をしましょう。

07 JavaScriptにおけるインデントの例

```javascript
let a = true;
let b = true

if(a == true) {
    if(b == true) {
        console.log("aもbも正しいです。");
    }
}
```

08 実行結果

```
aもbも正しいです。
```

JavaScriptではインデントは必須ではなく、「{ }」（波かっこ）で階層を表現します。インデントを削除して、 **09** のように書くこともできますが、読みにくいものになってしまいます。実行結果は変わりません **10** 。

09 JavaScriptにおけるインデントを使用しない例

```javascript
let a = true; let b = true; if(a == true) {if(b == true)
{console.log("aもbも正しいです。")}} console.log("test")
```

10 実行結果

```
aもbも正しいです。
```

インデントを1つずつ入れるのは手間がかかりますが、本書で使用するGoogle ColaboratoryやCloud9を使用すると、「:」を入力して改行をするだけで、自動的にインデントが反映されます。
　C言語やJavaなどはソースコードをコンピュータで利用できるようにコンパイルをすることで実行することが多いですが、Pythonはコードを入力すればすぐに実行することができます。

MEMO
C言語やJavaはコンパイラ言語、Pythonはインタプリタ言語と呼ばれています。

さらに、Googleが開発した機械学習のライブラリTensorFlowも1行のコマンドでインストールすることができます **11** 。

11 **TensorFlow公式サイト（https://www.tensorflow.org/）**

Pythonで活用できる資源を取り入れることで、開発スピードを高速化することができます。

MEMO

TensorFlowは、ターミナルで「pip install tensorflow」と入力するとインストールできます。pipについては、巻末のAPPENDIXを参照してください。

Google Colaboratoryの操作方法

02

Pythonの学習を進めていくために、まずは開発環境について学びましょう。本書ではGoogle Colaboratory（以下、Colab）を使用します。

「Google Colab」で
学習する

▼ 環境構築の必要なし。1分で設定完了！

　開発環境を用意しましょう。本書では開発環境を統一するために、クラウド環境の使用を推奨しています。

　PART1ではColab、PART2以降はAWS Cloud9の使用を前提に解説します。

　Pythonやライブラリのインストール自体はクラウド環境でなくても簡単に行えますが、端末によっては正しい手順であってもインストールできない場合があります。バージョン管理や環境設定に慣れていないために、初心者が学習を断念してしまうことも珍しくありません。そこで、クラウドを利用して開発環境を固定することで、効率よく学んでいただくことができます。

　なお、PART1からPART3までの内容は、ローカル環境でも動かすことができます。巻末のAPPENDIXでは、ローカル環境でのPythonのインストール方法を紹介しているので、興味のある方は挑戦してみてください。

Colabを開いてみよう

PART1では、Pythonを実行するための環境としてColabを利用します。Colabはブラウザから Python が実行できるサービスです。

Colabを使用するにはGoogleアカウントが必要です。アカウントをお持ちでない方は、 `01` のURLから会員登録を行ってください `02` 。

`01`

```
https://accounts.google.com/signup/
```

`02` Googleアカウントの作成

Google

Google アカウントの作成

| 姓 | 名 |

| ユーザー名 | @gmail.com |

半角英字、数字、ピリオドを使用できます。

代わりに現在のメールアドレスを使用

| パスワード | 確認 | 👁

半角英字、数字、記号を組み合わせて 8 文字以上で入力してください

代わりにログイン　　　　　　次へ

1 つのアカウントで Google のすべてのサービスをご利用いただけます。

Googleアカウントでログインをした状態で、 `03` のURLからColabを開いてみましょう `04` 。

`03`

```
https://colab.research.google.com/notebooks/intro.
ipynb
```

04 Colabトップ画面

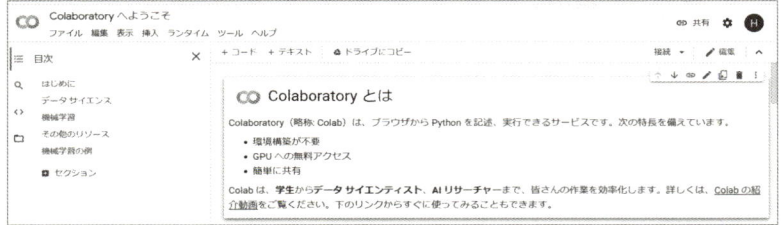

　左上の［ファイル］から［ノートブックを新規作成］を選択します **05** 。

05 ノートブックの新規作成

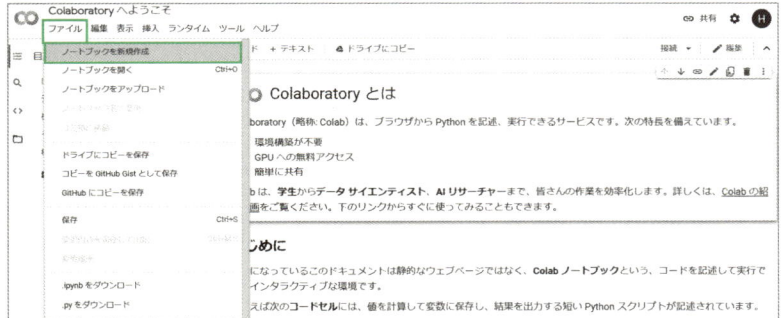

MEMO

ブラウザを閉じたあとで、作成したコードをもう一度使用したい場合は、［ファイル］から［ノートブックを開く］を選択します。

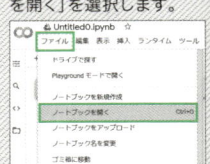

　コードを書き込むことができる新しい画面が表示されます。
　作成したファイルや記述した内容は、オンラインの状態であれば自動的に保存されます **06** 。

06 作成したファイル

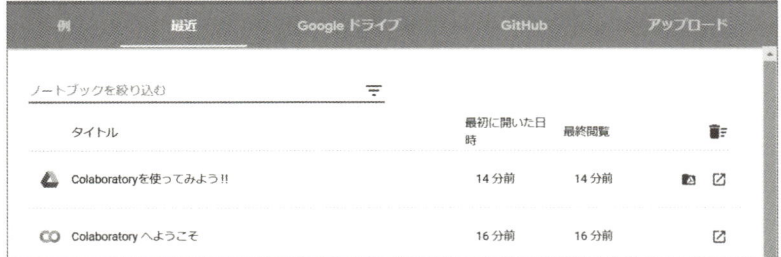

　左上のファイル名をダブルクリックすると、名前の変更が可能です。わかりやすい名前にしましょう。日付と何のためのファイルかを記入すると、あとから振り返りやすいです **07** 。

07 ファイル名の変更

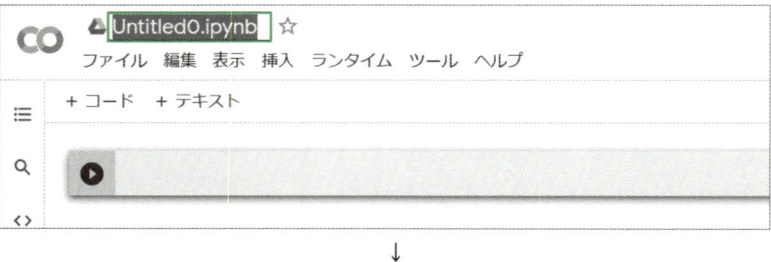

↓

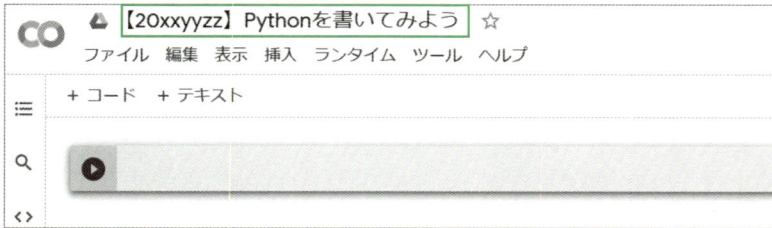

本書では、Colabのメニューを使って行う操作はそれほど多くはありませんが、他にも編集メニューなどコーディングを効率的に進めることができる便利な機能があります 08 。

08 Colabのメニュー一覧

メニュー名	できること
ファイル	ファイルの作成や編集、ダウンロード等ができる
編集	セルのコピー・貼り付けや置換等ができる
表示	目次やコードの実行履歴の表示等ができる
挿入	セルやフォームの追加等ができる
ランタイム	セルの実行や中断等ができる
ツール	ショートカットやColab全般の設定等ができる
ヘルプ	よくある質問の表示等ができる

また、ファイル名やメニューが画面から消えてしまった場合は、右上のボタンで表示することができます 09 。

09 ヘッダーの表示切り替え方法

> MEMO
> Colabで作成したファイルは、自動的にGoogleのストレージサービスであるGoogle Driveに保存されます。マイドライブから「Colab Notebooks」を選択するとColabのファイル一覧が表示され、開くことができます。

「Hello, world!」を表示してみよう

03

新たな言語の学習を始めるときには、「Hello, world!」という文字を表示する
プログラムを書くことが定番になっています。Pythonで表示してみましょう。

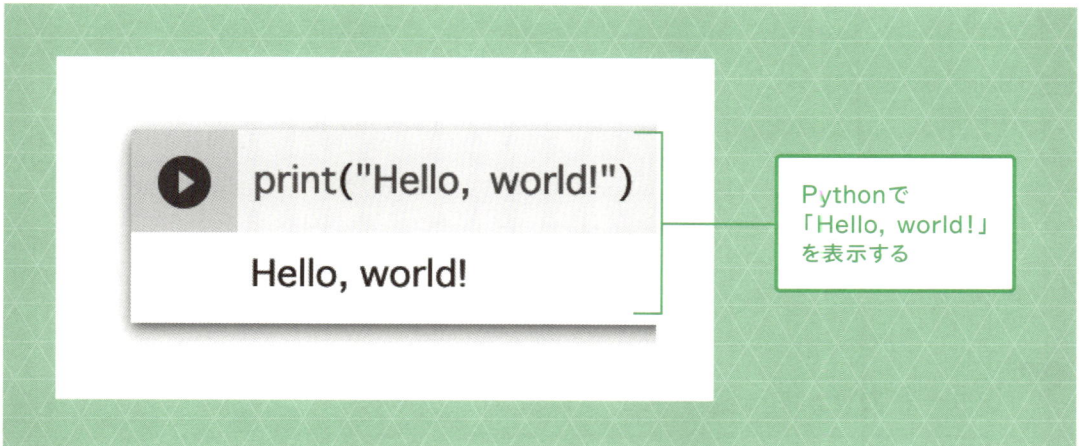

Pythonで
「Hello, world!」
を表示する

print関数を使おう

Pythonのコードを実行してみましょう。
　グレーの矢印の横にある枠内にコードを記入していきます。この枠のことを
「セル」といいます **01** 。

01 セル

![Untitled1.ipynb Colab画面]

　「Helo, world!」を表示させたいので、（　）内の内容を表示するprint関
数を用いて書きます **02** **03** 。

02 print関数の書式

```
print(表示したい内容)
```

03 Hello, world!の例

```
print("Hello, world!")
```

　セルの左にある右矢印ボタンをクリックすると、「Hello, world!」が表示されます 04 。

04 「Hello, world!」の表示

ショートカットキーをマスターしよう

　多くのアプリケーションには、ショートカットキーと呼ばれる便利な機能が備わっています。Google Colaboratoryにもショートカットキーがあり、[ツール] から [キーボード ショートカット] を選択すると 05 、ショートカット一覧が確認できます。ショートカットキーを覚えておくと、開発のスピードもグンとアップします。

05 キーボード ショートカットの表示方法

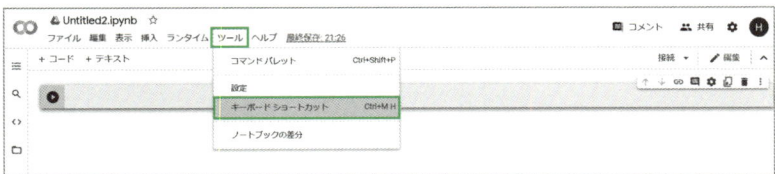

　06 のような画面が表示されるので、こちらから確認しましょう。

06 ショートカットキー一覧

キーボードの設定

エディタのキー バインディング
default ▼

☑ Enter キーで候補を確定

ショートカット
ショートカットを追加、変更するには、キーの組み合わせをクリックしてから新しいキーを入力します。マルチキーイベント ショートカットの接頭辞として Ctrl+M を使用できます。

ショートカットの認	.ipynb をダウンロード	Ctrl+F9	ノートブック内のすべてのセルを実行
ショートカットの認	.py をダウンロード	ショートカットの認	ファイル ブラウザを表示
ショートカットの認	GitHub にコピーを保存	ショートカットの認	フォームの項目の追加
ショートカットの認	Google ドライブ内のノートブックのスター付け / スター付け解除を切り替え	ショートカットの認	フォームを追加
ショートカットの認	Playground モードで開く	Ctrl+M F	フォームビューを切り替え
ショートカットの認	Unmount ColabFS	ショートカットの認	ヘッダーの表示 / 非表示を切り替え
Ctrl+Shift+A	すべてのセルを選択	ショートカットの認	ランタイムに接続

デフォルトに戻す　　キャンセル　　保存

　以下のショートカットキーは覚えておくとよいでしょう。特にCtrl（command）+ Enterはよく使います。

　　　Ctrl（command）+ Enter　…セルの実行
　　　Alt（option）+ Enter　　　…セルの実行とセルの追加
　　　Shift + Enter　　　　　　　…セルの実行と次のセルを選択

COLUMN ターミナルでPythonを実行してみよう

Pythonのプログラムは、ローカル環境でも実行することができます。

本書はクラウド環境で学習を進めるため必須ではありませんが、ローカルでの開発環境の構築をしてみたい方は、Appendixを参照してください。

Pythonをローカル環境で動かす際には、ターミナルを使います。ターミナルとは、コマンドを入力してコンピュータに命令をするためのツールです。

Macにはターミナルという名前のアプリがあります。Windowsではコマンドプロンプトを使ってコマンドを入力します。

コマンドについて詳しくはAppendixを参照してください。

テキストエディタで、以下のファイルを作成しましょう。

● hello.py（参考）

```python
print("Hello, world!")
```

ターミナルを立ち上げて、作成したhello.pyを実行しましょう。

ターミナルでプログラムを実行する際は、hello.pyと同じディレクトリに移動してください。

● ターミナル（参考）

```
$ python hello.py
Hello, world!
```

Pythonの第一歩

01　Pythonで計算する

02　変数について

03　リスト、辞書、タプルについて

04　比較演算子、論理演算子

Pythonで計算する

ここからは、Pythonの文法について学びます。まず、四則演算（足し算、引き算、掛け算、割り算）や変数など基本的なコードを書いてみましょう。引き続き、Colabを使って学習を進めていきます。

四則演算

Pythonで四則演算のプログラムを動かしてみましょう。

足し算

Colabで「1 + 1」のプログラムを書いて **01**、実行します **02**。

01 足し算の例

```
print(1 + 1)
```

02 実行結果

```
2
```

次は、セルに「1+1」と書いてみましょう **03**。

このプログラムは1行しかないため、print関数を省略しても答えの「2」が表示されます **04**。

03 print関数を使用しない例

```
1 + 1
```

04 実行結果

```
2
```

print関数は、表示したい内容を「"」（ダブルクォーテーション）もしくは「'」（シングルクォーテーション）で囲います。四則演算や変数を用いる場合には必要ありません **05**。

05 足し算ができない例

```
print("1 + 1")
```

06 実行結果

```
1 + 1
```

答えは「2」ではなく、「1 + 1」となりました **06** 。

クォーテーションを付けると、プログラムは「1 + 1」を文字列であると認識します。プログラムで扱うデータには型があり、文字列はstring型、数値はint型といいます。文字列の"1"と数値の1は、出力結果は両方とも「1」で同じに見えますが、プログラム上での扱いは異なります。計算結果を出力する際は、int型としてクォーテーションを付けずに記入するよう注意しましょう。

そして、string型の文字列同士は、「+」（プラス）で連結することができます。

「私は」と「20歳です」を連結させて1つの文章で表示させてみましょう **07** 。実行結果は **08** のようになります。

07 文字列を連結する例

```
print("私は" + "20歳です")
```

08 実行結果

```
私は20歳です
```

ただし、文字列と数値は連結をすることができません。
20だけint型で書いてみましょう **09** 。
「string型でなければいけません」というエラーが出てしまいます **10** 。

09 文字列と数値の連結に失敗する例

```
print("私は" + 20 + "歳です")
```

10 実行結果

```
must be str, not int
```

同じく、 **11** の例ではデータの型が異なるため、こちらも失敗してしまいます **12** 。

11 数値と文字列の連結に失敗する例

```
print(20 + "18")
```

> **MEMO**
> セルの最後の行は、print関数を省略することができます。

12 実行結果

```
unsupported operand type(s) for +: "int" and "str"
```

string型の文字列をint型に修正すると、計算が可能になります。
int( )を追記してみましょう **13** 。
クォーテーション内がint型と認識され計算できました **14** 。文字列と数値のデータの型に気をつけて計算しましょう。

13 文字列を数値に変更する例

```
print(20 + int("18"))
```

14 実行結果

```
38
```

引き算

数値の間に「-」(ハイフン)を記入すると、そのまま引き算をしてくれます **15** **16** 。

15 引き算の例

```
print(3 - 1)
```

16 実行結果

```
2
```

掛け算

掛け算には、「 * 」(アスタリスク)を使います **17** **18** 。

17 掛け算の例

```
print(3 * 4)
```

18 実行結果

```
12
```

MEMO
プログラムに問題があると、エラーメッセージが出ることがあります。英語で表示をされていますが、この内容を理解できると素早く問題を解決することができます。英語が苦手な方は、辞書や翻訳ソフトを使ってエラーの内容を確認してみましょう。

MEMO
エラー内容をハイライトしてそのままGoogleで検索すると便利です。

割り算

通常の割り算には「 / 」（スラッシュ）を使います。
6 ÷ 3 **19** と、4 ÷ 3 **21** を計算してみましょう。

19 割り算の例（6 ÷ 3）

```
print(6 / 3)
```

20 実行結果

```
2.0
```

21 割り算の例（4 ÷ 3）

```
print(4 / 3)
```

22 実行結果

```
1.3333333333333333
```

割り切れない場合で、整数の値が欲しいときは、商と余りを分けて計算することができます。

「 // 」（スラッシュ2つ）で商を、「 % 」で余りを求めることができます。
16 ÷ 3 の商と余りを計算してみましょう **23** **24** 。

23 割り切れない場合の例

```
print(16 // 3)
print(16 % 3)
```

24 実行結果

```
5
1
```

　計算を行う順番は数学と同じで、左側もしくはかっこ内の数字から計算します。足し算や引き算よりも、掛け算や割り算が優先されます。Pythonでの計算も同じです 25 26 。

25 計算の順番の例

```
print(5 + 3 - 2 * 4)
```

26 実行結果

```
0
```

　計算の順序を指定する場合は、かっこを使用しましょう 27 28 。

27 かっこを使用した計算

```
print((5 + 3 - 2) * 4)
```

28 実行結果

```
24
```

　かっこが増えてくると、計算の順序がわかりづらくなるので注意が必要です。複雑な計算が必要な場合は、変数を使ってあらかじめ計算しておき、変数を四則演算内に入力すると、見やすいプログラムになります。

変数について

02

ここでは、変数について学びましょう。

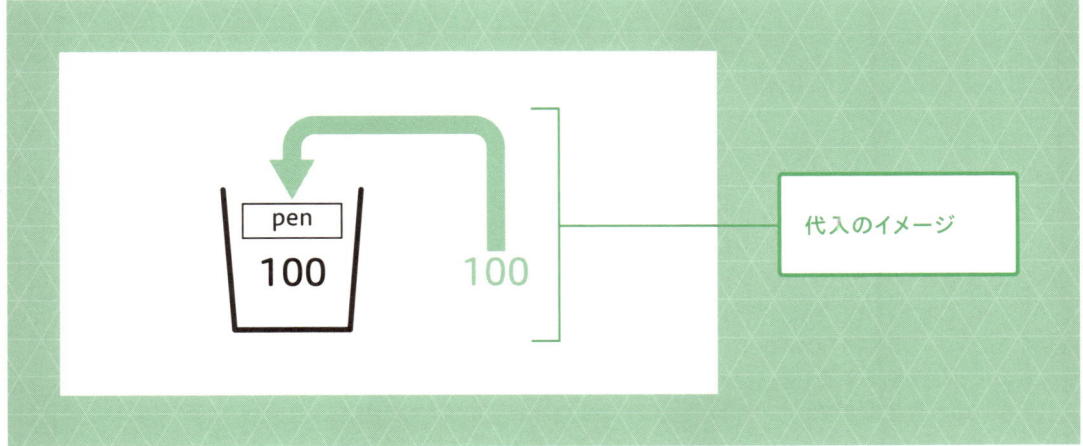

pen
100

100

代入のイメージ

▼ 変数の基本

プログラムを書いていると、同じ文字列や数字などを何度も使用することがあります。しかし、毎回複雑な文字列を入力していると、プログラムが長くなったり、ミスが増えてしまったりする可能性があります。そこで、変数の登場です。

変数は、データを格納する箱のようなものです。あらかじめ用意した箱の中に値を入れておくことで、再利用することができます。

「=」（イコール）は、右の値を左の変数に代入するという意味です 。算数の計算で使う＝とは意味が異なるため、注意しましょう。

01 変数の書式

> 変数名 ＝ 代入する値

nameという変数を用意してtaroという名前を代入してみましょう **02** 。
print関数で変数nameを呼び出すと、nameに代入したtaroが表示されます **03** 。

02 変数の例

```
name = "taro"
print(name)
```

03 実行結果

```
taro
```

続いて、変数を使う計算をしてみましょう。

例えば、100円のペンを10%の消費税で購入する場合、税抜き価格に1.1を掛けることで消費税を含めた価格を求めることができます。

ペンの税抜き価格をpen、消費税をtaxとする変数を用いて計算してみます。tax ＝ 1.1で、「1.1という数値をtaxという箱に入れる」ことになります。同じく、pen ＝ 100で100がpenに代入されます。taxやpenは箱に付けたラベルのような役割を果たします。

1.1も100も数値なので、クォーテーションは付けずint型にしてください。

税込価格を求めるために、penとtaxの掛け算をしますが、ここでは計算結果をpen_priceという変数に代入して、print関数で出力してみましょう **04** **05**。掛け算は「＊」でしたね。

04 変数を使用した計算例

```
tax = 1.1
pen = 100

pen_price = pen * tax
print(pen_price)
```

05 実行結果

```
110.00000000000001
```

penとtaxを掛け算し、printで結果を表示しています。

変数を使わずに100 ＊ 1.1でも同じ結果が出ます。しかし、最初に一度だけtaxの値を設定しておけば、2回目以降の計算は変数taxを使用して計算することができます。

先ほどの計算では小数点以下に小さな誤差が生じてしまっていますが、これはPythonの仕様によるものです。その場合、round関数で四捨五入をし

て計算結果を整数にすることができます。
round() を追加しましょう 06 07 。

06 round関数を使用した例

```
pen = 100
tax = 1.1

pen_price = pen * tax
print(round(pen_price))
```

07 実行結果

```
110
```

変数に文字列を代入し、連結することもできます。
よくある例として、会員制のサイトの開発ではユーザー名を変数にしています。userにユーザー名の文字列を代入します。
文字列と変数は「 + 」（プラス）で結合することができます 08 09 。

08 字列を代入して連結する例

```
user = "テストユーザー"
print("こんにちは。" + user + "さん。")
```

09 実行結果

こんにちは。テストユーザーさん。

変数を扱う上での注意

変数は、代入が行われるたびにこれまで保持していた値が消えてしまいます。次のコードを書いてみましょう 10 。

10 変数を更新する失敗例

```
total = 0
```

MEMO

「"」（ダブルクォーテーション）や「'」（シングルクォーテーション）には種類があります。Colabでは問題ありませんが、同じ方法で入力してもWord等ではクォーテーションの種類が変わってしまうことがあります。「"」や「"」、「'」や「'」のクォーテーションを使用するとエラーの原因にもなるので、正しく「"」「'」になっているかどうか注意してください。

```
tax = 1.1
pen = 100
notebook = 200

pen_price = pen * tax
notebook_price = notebook * tax

total = pen_price
total = notebook_price

print(round(total))
```

totalにpen_priceとnotebook_priceを代入しましたが、後者の値のみが表示されます **11**。

11 実行結果

```
220
```

過去に代入した値も計算に反映させる場合は、pen_priceをtotalの中に代入し、さらにtotalの値とnotebook_priceの値を足します **12**。

12 変数を更新する例

```
total = 0

tax = 1.1
pen = 100
notebook = 200

pen_price = pen * tax
notebook_price = notebook * tax

total = pen_price
total = total + notebook_price

print(round(total))
```

13 実行結果

```
330
```

pen_priceとnotebook_priceを足し合わせた値が表示されますね **13** 。
　累算代入演算子の「+=」（プラスイコール）を使用して、さらに簡単に記述
してみましょう **14** **15** 。

14 累算代入演算子の例

```
total = 0

tax = 1.1
pen = 100
notebook = 200

pen_price = pen * tax
notebook_price = notebook * tax

total = pen_price
total += notebook_price

print(round(total))
```

15 実行結果

```
330
```

リスト、辞書、タプルについて

03

データを格納するための手段としてリスト・辞書・タプルがあります。それぞれの違いを理解して、利用できるようにしましょう。

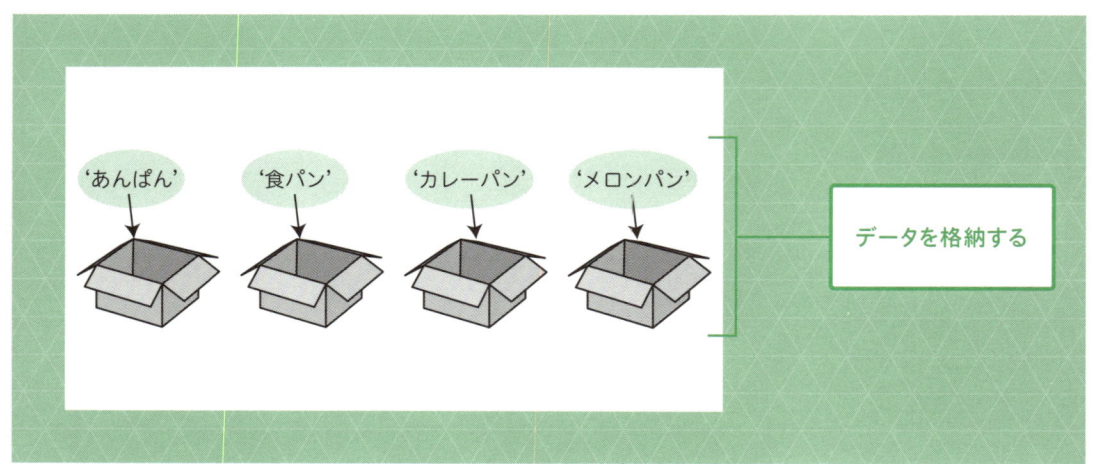

▼ リストとは

あんぱん、食パン、カレーパン、メロンパンなどを販売しているパン屋さんがあるとします。こういった商品を管理するときは、別々の棚に陳列してばらばらに扱うよりも、まとめて扱ったほうが把握しやすくなります。

データをわかりやすく整理するための手段として、リスト、タプル、辞書がありますが、順番に学習していきましょう 01 。

01 リストの書式

```
["要素1", "要素2", "要素3" ...]
```

それでは、パン屋さんのメニューを表示するプログラムを書いていきましょう。
パン屋さんのメニューを1つのリストにまとめると、 02 のようになります。
実行結果は 03 のようになります。

02 リスト（文字列）の例

```
print(["あんぱん", "食パン", "カレーパン", "メロンパン"])
```

03 実行結果

```
['あんぱん', '食パン', 'カレーパン', 'メロンパン']
```

　リストは [で始まり、] で終わります。
　要素と要素の間は「,」（コロン）で区切ることで、複数のオブジェクトを持つことができます。
　今回の例は、string型の"あんぱん"、"食パン"、"カレーパン"、"メロンパン"の4つの要素を持っているリストです。
　string型では、文字を「'」（シングルクォーテーション）または、「"」（ダブルクォーテーション）で囲むことに注意してください。文字列の定義が不安な方は、復習してください。

　リストは、string型（文字列）やint型（整数）など、さまざまな要素を持つことができます **04** **05** 。

MEMO
[ ]や，はすべて半角で記入します。

04 リスト（int型）の例

```
print([12, 5, -9, 111, 0])
```

05 実行結果

```
[12, 5, -9, 111, 0]
```

MEMO
リストに入っている値はどの型か意識しましょう。

　他の型の要素を持ったリストも見ていきましょう **06** **07** 。

06 さまざまな型を持つリストの例

```
print(["りんご", 11, True, ["11月3日", "文化の日"]])
```

07 実行結果

```
['りんご', 11, True, ['11月3日', '文化の日']]
```

リストを変数に代入する

リストを変数に代入して、リストに名前を付けてみましょう。
4つのパンを持つリストをmenuに代入します 08 09 。

08 リストを変数に代入する例

```
menu = ["あんぱん", "食パン", "カレーパン", "メロンパン"]
print(menu)
```

09 実行結果

```
['あんぱん', '食パン', 'カレーパン', 'メロンパン']
```

リストの要素を取得する

リスト内にある要素を取得してみましょう。リスト名[インデックス]で指定することができます。
menuというリストから、1番目と2番目の要素を取り出してみましょう。
インデックスは、その要素がリストの何番目に位置するのかを表し、0から始まり、リストの最後の要素まですべてに順番に振られています。
リスト内の1番目の要素のインデックスは0になります 10 11 。

```
インデックス0   インデックス1   インデックス2   インデックス3
                 ↓             ↓             ↓             ↓
menu = ['あんぱん', '食パン', 'カレーパン', 'メロンパン']
         1番目        2番目        3番目        4番目
```

10 リストにある要素を取得する例

```
menu = ["あんぱん", "食パン", "カレーパン", "メロンパン"]
print(menu[0])
print(menu[1])
```

11 実行結果

```
あんぱん
食パン
```

リストに要素を追加する際は、appendメソッドを使用します。

このメソッドでは、メソッドの( )内に追加したい要素を記入することで、リストの最後に要素が追加されます **12** 。

12 appendの書式

```
リスト.append(値)
```

appendを使って、menuリストにクリームパンを追加してみましょう **13** **14** 。

13 appendの例

```
menu = ["あんぱん", "食パン", "カレーパン", "メロンパン"]
menu.append("クリームパン")
print(menu)
```

14 実行結果

```
['あんぱん', '食パン', 'カレーパン', 'メロンパン', 'クリームパン']
```

popとdelを使うと、要素を削除することができます **15** **16** 。

15 popの書式

```
リスト.pop(インデックス)
```

16 delの書式

```
del リスト[インデックス]
```

popを使って、menuリストからアンパンを削除しましょう。popは削除する要素をprintで表示することができます **17** **18** 。

17 popの例

```
menu = ["あんぱん", "食パン", "カレーパン", "メロンパン"]
print(menu.pop(0))
print(menu)
```

18 実行結果

```
あんぱん
['食パン', 'カレーパン', 'メロンパン']
```

今度は、delを使って削除してみましょう **19** **20** 。

19 delの例

```
menu = ["あんぱん", "食パン", "カレーパン", "メロンパン"]
del menu[0]
print(menu)
```

20 実行結果

```
['食パン', 'カレーパン', 'メロンパン']
```

popとdel、どちらもインデックスで要素の位置を指定して削除できました。基本的に挙動は同じなので、書きやすいほうを使ってかまいません。

▼ リストの要素を更新する

リストの中の指定した要素を別の値に変更してみましょう **21** 。

21 リスト更新の書式

```
リスト[インデックス] = 値
```

menuの2番目の要素である食パンをクロワッサンに交換してみましょう **22** **23** 。

22 2番目の要素を変更する例

```
menu = ["あんぱん", "食パン", "カレーパン", "メロンパン"]
menu[1] = "クロワッサン"
print(menu)
```

23 実行結果

```
['あんぱん', 'クロワッサン', 'カレーパン', 'メロンパン']
```

タプルとは

　次に、タプルを紹介します。タプルはリストと同様に、多数の要素を格納するデータ型の一つです。

　タプルのコード **24** と結果 **25** 、リストのコード **26** と結果 **27** の例を紹介します。

24 タプルの例

```
print((1, "あんぱん", "150円", "パン工場"))
```

25 実行結果

```
(1, 'あんぱん', '150円', 'パン工場')
```

26 リストの例

```
print([1, "あんぱん", "150円", "パン工場"])
```

27 実行結果

```
[1, 'あんぱん', '150円', 'パン工場']
```

　リストとタプルは、[ ]を( )に変更しただけのように見えますが、用途によって使い分ける必要があります。

　リストとタプルの違いを見てみましょう **28** 。

28 リストとタプルの違い

項目	リスト	タプル
要素の追加・削除・変更	できる	できない
囲みかっこ	角かっこ -[ ]	丸かっこ-( )
容量	比較的大きい	比較的小さい
計算速度	比較的遅い	比較的早い

　基本的に、要素の追加・削除・変更が必要な場合はリストを、必要でない場合はタプルを使用することをオススメします。

　タプルは、リストと同様に要素と要素の間を「 , 」（カンマ）を使って区切ります **29** 。

29 タプルの書式

```
（要素１，要素２，...）
```

　それでは、実際にタプルを作っていきましょう **30** **31** 。

30 タプルの例

```
menu = ("あんぱん", "食パン", "カレーパン", "メロンパン")
print(menu)
```

31 実行結果

```
('あんぱん', '食パン', 'カレーパン', 'メロンパン')
```

タプルの要素を取得する

タプルにも、リスト同様にインデックスが振られています。
4番目の要素を取り出してみましょう **32** **33** 。

32 タプルでインデックスを使用する例

```
countries = ("JP", "US", "CN", "GB")
print(countries[3])
```

33 実行結果

```
GB
```

 **辞書とは**

次に、辞書を見ていきましょう。
辞書は、keyとvalueがペアになって構成されています **34** 。

34 辞書の書式

```
{ key1 : value1 , key2 : value2 , ...}
```

keyに日本語の国名、valueにkeyの英語の国名を持っているcountries
という辞書です。keyを指定すると、対応するvalueが取得できます。
日本に対応する英語の国名を取得してみましょう **35** **36** 。

35 辞書の例

```
countries = {"日本": "Japan", "アメリカ": "America", "カナダ": "Canada"}
print(countries["日本"])
```

36 実行結果

```
Japan
```

valueには、リストを入れることもできます **37** **38** 。

37 valueがリスト型の辞書

```
nameList = {"山田 太郎": ["男性", "168cm"], "佐藤 花子": ["女性", "159cm"]}
print(nameList["山田 太郎"])
```

38 実行結果

```
['男性', '168cm']
```

変数を要素に指定することもできます 39 40 。

39 変数を要素に指定する例

```
x = 11 * 11
y = 12 * 12
z = 13 * 13
numbers = {11: x, 12: y, 13: z}
print(numbers)
```

40 実行結果

```
{11: 121, 12: 144, 13: 169}
```

最後に、リストと辞書を組み合わせた例を確認します 41 42 。

41 リストと辞書を組み合せの例

```
names = [
    {"名前": "山田 太郎", "性別": "男性", "身長": "168cm"},
    {"名前": "佐藤 花子", "性別": "女性", "身長": "159cm"}]
print(names[1]["身長"])
```

42 実行結果

```
159cm
```

比較演算子、論理演算子

04

ここでは、比較演算子と論理演算子について学びます。比較演算子と論理演算子は、のちほど学習する条件分岐や繰り返しでも利用します。

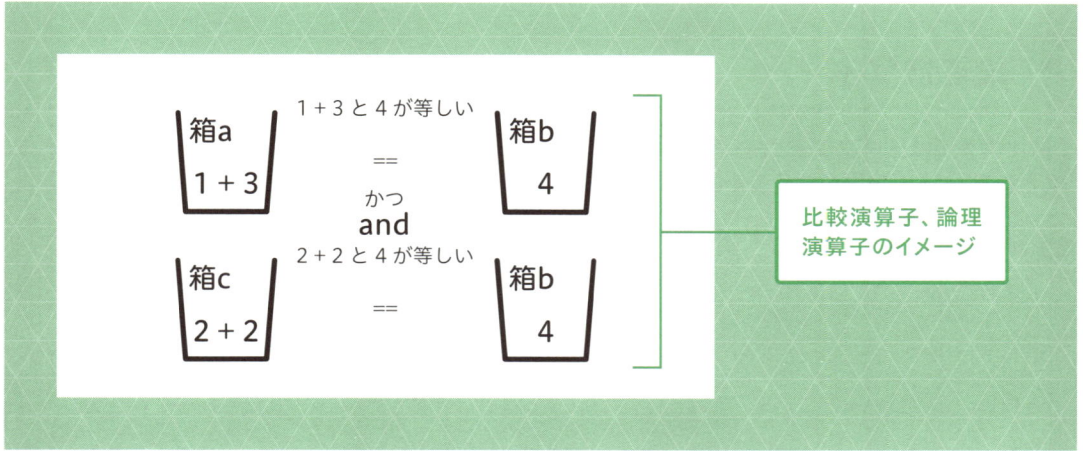

比較演算子、論理演算子のイメージ

比較演算子とは

比較演算子とは、主に2種類の数式を比較する際に使用されるもので、左辺と右辺と記号で構成されています。結果はTrueまたはFalseが返ってきます。

okをaに代入し、okとaが同じ内容であるか、左辺と右辺が同じであることを判定する比較演算子の「==」(イコール2つ)を使って確認してみましょう 01 。

01 比較演算子の例

```
a = "ok"
print("ok" == a)
```

02 実行結果

```
True
```

aとbが同じであるということで、結果はTrueが返ってきました 02 。
他にもさまざまな比較演算子があるので覚えておきましょう 03 。

03 比較演算子一覧

記号	働き	記号	働き
==	左右が同じ	<=	左の値は右の値以下である
!=	左右が異なる	>	左の値は右の値より大きい
<	左の値は右の値未満である	>=	左の値は右の値以上である

論理演算子

　論理演算子は比較演算子と組み合わせて使うことで、より複雑な判定を行うことができます。論理演算子のandを使って判定してみましょう **04** **05** 。

04 論理演算子の例

```
a = 1 + 3
b = 4
c = 2 + 2
print(a == b and c == b)
```

05 実行結果

```
True
```

　aの1 + 3とbの4が等しいか、さらにcの2 + 2とbの4が等しいかを判定しています。andが間に入っているので、どちらの条件も満たしたときにTrueが返ってきます **06** 。

06 論理演算子一覧

記号	意味
and	論理積（かつ）
not	否定（ではない）
or	論理和（または）

COLUMN　　ベン図

　07 は「ベン図」と呼ばれるものです。**06** の表の論理積、否定、論理和について、ベン図でイメージを掴んでみましょう。

　論理積：AとBの論理積の場合、「AかつB」を表すAとBの重なる部分
　否定　：Aの否定をする場合、Aの集合を表す円の外
　論理和：AとBの論理和の場合、「AまたはB」を表すAとBのすべての部分

07 ベン図

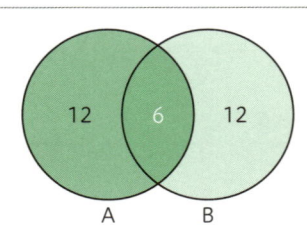

Pythonの文法をマスターしよう

01　条件分岐

02　繰り返し

03　例外処理

04　関数について

05　クラスについて

06　モジュール、パッケージ、ライブラリについて

条件分岐

01

Djangoの開発に向けて、さらにPythonの文法を学んでいきましょう。まず、条件分岐から学習します。

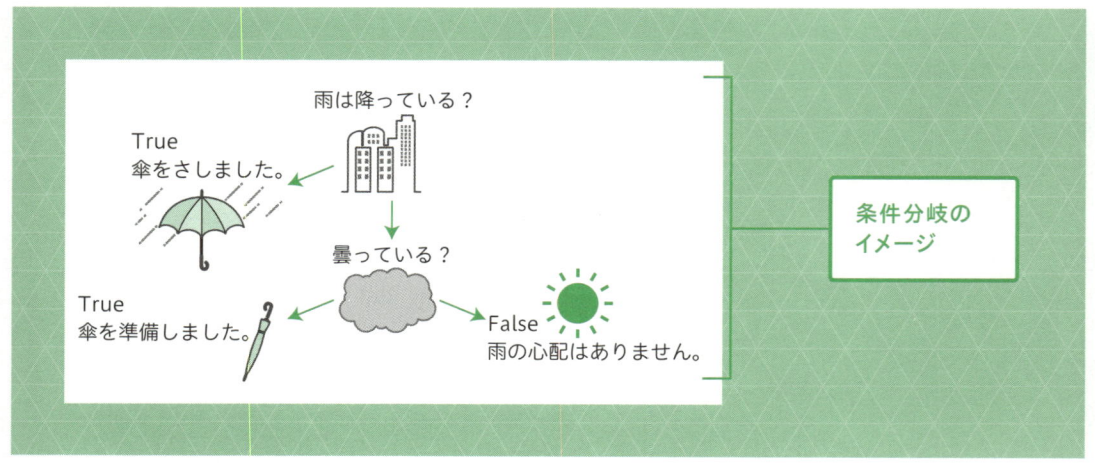

条件分岐の
イメージ

▼ if文とは

if文は「〜したら」「〜をする」というパターンを指定するプログラムです `01` 。

`01` if文の書式

```
if 条件式:
    処理
elif 条件式:
    処理
else:
    処理
```

「雨が降ったら」という条件に対し「傘をさしました。」が実行されるプログラムは、 `02` のようになります。

02 if文の例

```
weather = "rainy"

if weather == "rainy":
    print("傘をさしました。")
```

MEMO
論理演算子で学習したよ
うにweather == "rainy"
でTrueかFalseが返って
きます。
この場合は、Trueのため
処理が実行されます。

03 実行結果

```
傘をさしました。
```

　ifの後ろにスペースを入れて条件式を入力します。条件式の後ろはインデントが必要になるため、「：」（セミコロン）を入力します。

　weatherとrainyが一致してTrueとなったため、傘をさすというプログラムが実行されました。weatherにrainy以外が入っている場合、条件式がFalseになりプログラムは実行されません。

　そこで、「elif 条件式:」を使って条件を追加することができます。cloudyの場合に傘を準備します **04** **05** 。

04 elifの例

```
weather = "cloudy"

if weather == "rainy":
    print("傘をさしました。")
elif weather == "cloudy":
    print("傘を準備しました。")
```

05 実行結果

```
傘を準備しました。
```

さらに「else:」を使用することで、条件に当てはまらない場合のプログラム
を実行することができます **06** **07** 。

06 else:の例

```
weather = "sunny"

if weather == "rainy":
    print("傘をさしました。")
elif weather == "cloudy":
    print("傘を準備しました。")
else:
    print("雨の心配はありません。")
```

07 実行結果

```
雨の心配はありません。
```

繰り返し

02

ここでは繰り返しについて学びます。while文とfor文を使うことで同じ処理を何度も繰り返すことができます。

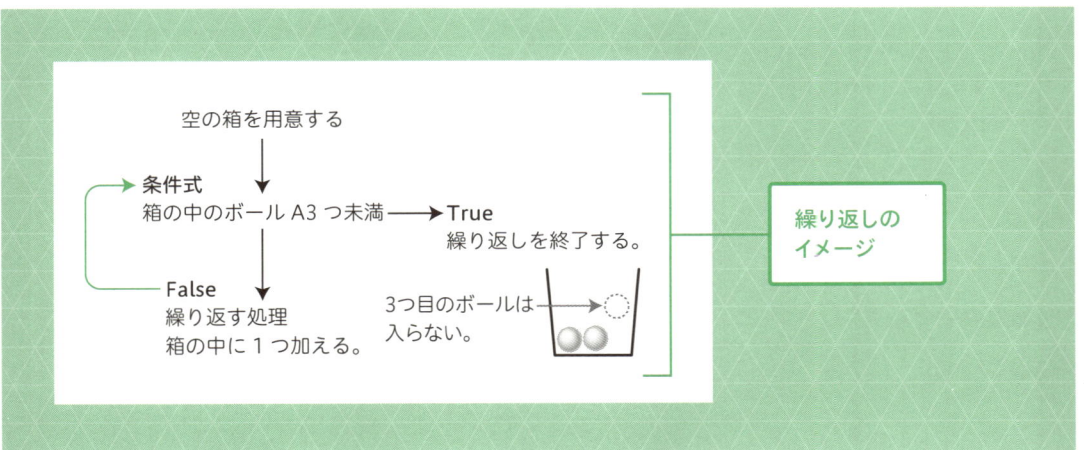

while文

while文は条件式を満たすまで繰り返しが行われます `01` 。

`01` while文の書式

```
while 条件式:
    処理
```

それではコードを動かしてみましょう。
numという空の箱に1つずつボールを入れるイメージです `02` `03` 。

`02` while文の例

```
num = 0
while num < 3:
    print(num)
    num += 1
```

`03` 実行結果

```
0
1
2
```

numが3未満という条件式が入っています。

num += 1はnumに1を足す処理を行い、1から2まで表示されると処理が終わります。

しかし、num += 1を記述しない場合は、永遠に条件式を満たすことができません。

無限ループと呼ばれる状態になります `04` 。意図しない無限ループは、システムの不具合につながってしまうので注意が必要です。

`04` 無限ループの例

for文

for文もwhile文のように繰り返しができます。while文は条件式が満たされるまで繰り返し処理を行いますが、for文ではリスト等から要素を取り出して変数に代入しながら繰り返し処理が行われます `05` 。リストを1つずつ表示したいときに便利です。

`05` for文の書式

```
for 変数 in リスト等:
    処理
```

menuというリストから1つずつ要素を取り出してみましょう `06` `07` 。

06 for文の例

```
for menu in ["あんぱん", "食パン", "カレーパン", "メロンパン"]:
    print(menu)
```

07 実行結果

```
あんぱん
食パン
カレーパン
メロンパン
```

　range関数を使ってfor文を書いてみましょう。range関数を使用すると、必要な回数だけ繰り返しを行うことできます **08** 。

　繰り返したい回数をrange関数の ( ) 内に書きます。iに0が代入され、1回ループをするごとに値が1つずつ足されます **09** 。

08 range関数でfor文を使用する例

```
for i in range(3):
    print(i)
```

09 実行結果

```
0
1
2
```

　while文とfor文の違いを理解した上で、状況に応じて使い分けましょう。

▼ breakとcontinue

　while文やfor文にbreakやcontinueを使うと、繰り返しを継続したり、強制的に終了させたりすることができます。

　breakとcontinueを加えたwhile文を書いてみましょう **10** 。

`10` breakとcontinueの例

```
while True:
    s = str(input("y/n"))
    if s == "y":
        print("Yes")
        break
    elif s == "n":
        print("No")
        break
    else:
        print("正しく入力してください")
        continue
```

プログラムを実行するとフォームが表示されます `11` 。

`11` フォームの表示

```
while True:
    s = input("y/n ")
    if s == "y":
        print("Yes")
        break
    elif s == "n":
        print("No")
        break
    else:
        print("正しく入力してください")
        continue

...  y/n [            ]
```

　whileの条件式がTrueになっているので、breakがないと無限ループの状態でしたが、y（Yes）かn（No）を入力するとbreakで強制的にループが終了し、それ以外の場合にはcontinueでループが継続します `12` 。

`12`

```
while True:
    s = input("y/n ")
    if s == "y":
        print("Yes")
        break
    elif s == "n":
        print("No")
        break
    else:
        print("正しく入力してください")
        continue

y/n a
正しく入力してください
y/n y
Yes
```

例外処理

03

例外処理について学びます。ここでは、try except を使ってエラーがあってもプログラムが落ちない処理を書きましょう。

try exceptについて

どのような開発でもバグやエラーはつきものです。開発の現場では、エラーの内容を知ることでプログラミングの改善につなげています。

01 の例はx（辞書）で2をキーに指定しています。x（辞書）では2をキーに指定にすることはできないためエラーになります **02** 。

01 キーエラーの例

```
x = {0:1,1:2,3:4}
x[2]
```

02 実行結果

```
---------------------------------------------------
KeyError        Traceback (most recent call last)
<ipython-input-33-42de5b76e7c7> in <module>()
      1 x = {0:1,1:2,3:4}
----> 2 x[2]

KeyError: 2
```

このプログラムは、エラーが起きると強制的に終了します。

大規模なプログラムでは、エラーのたびに落ちてしまっては非常に困ります。そのため、try exceptという仕組みを使います **03** 。

03 try exceptでエラー内容を表示する書式

```
try:
    正常な場合の処理
except Exception as e:
    print(e.args)
```

printでは、エラーの内容を表示します。

先ほどのキーエラーの例でtry exceptを使ってみましょう 04 05 。

04 キーエラーで例外処理を使う例

```
x = {0:1,1:2,3:4}
try:
    x[2]
except Exception as e:
    print("error", e.args)
print("done")
```

05 実行結果

```
error (2,)
done
```

わかりやすくするために、errorという文字を一緒に表示しています。(2,)はエラーの箇所になります。エラーになっても処理が落ちることなく、コードが最後まで実行され、doneが表示されます。

ループ処理でもtry exceptを使ってみます 06 。

06 ループ処理の例

```
x = {0:1,1:2,3:4}
for n in range(4):
    try:
        print(x[n])
    except Exception as e:
        print("error", e.args)

print("done")
```

07 実行結果

```
1
2
error (2,)
4
done
```

(2,)がエラーの箇所です **07** 。ループの途中でエラーが発生しますが、プログラムは最後まで実行されています。

 ## tracebackモジュール

traceback.format_exc()を使うと、エラーの詳細がわかるようになります **08** **09** 。

08 tracebackの例

```python
import traceback

x = {0:1,1:2,3:4}
for n in range(4):
    try:
        print(x[n])
    except Exception as e:
        print(traceback.format_exc())

print("done")
```

09 実行結果

```
1
2
Traceback (most recent call last):
    File "<ipython-input-16-96936c62af5a>", line 6, in <module>
        print(x[n])
KeyError: 2


4
done
```

エラーの内容をtxtファイルに保存することもできます。
ローカル環境での開発を行っている方は、こちらも試してみましょう **10** 。

10 エラーをtxtファイルに保存する例（参考）

```
import traceback

x = {0:1,1:2,3:4}

for n in range(4):
    try:
        print(x[n])
    except Exception as e:
        file = open("./error.txt", "a")
        file.write(traceback.format_exc())
        file.close()
print("done")
```

注意!
10のコードはColabには
対応していません。

　file = open("./error.txt", "a")を"a"から"w"にすると、エラー内容が上書きされてしまいます。

　過去のエラー内容も確認する必要があるため、ここは"a"にしてください。出力されたerror.txt例は **11** のとおりです。

11 出力されたerror.txt例（参考）

```
Traceback (most recent call last):
    File "test.py", line 6, in <module>
        print(x[n])
KeyError: 2
```

▼ ブレイクポイント

　多くのエラーが発生してしまった場合は、ブレイクポイントを使ってエラーを修正します。

　exceptの中にimport pdb; pdb.set_trace()を入れてみましょう **12** 。

　ブレイクポイントを通ると、その時点での変数の中身を確認したり、関数を打ち込んで返り値を確認したりすることができます。

12 ブレイクポイントの例

```
x = {0:1,1:2,3:4}
for n in range(4):
    try:
        print(x[n])
    except Exception as e:
        print("error", e.args)
        import pdb; pdb.set_trace()
print("done")
```

テキストボックスに、Pythonのコードを入力することができます。
例えば、print(x[n])と入力するとエラーの内容が表示されます **13** 。

13 テキストフォームにprint(x[n])入力後

```
x = {0:1,1:2,3:4}
for n in range(4):
    try:
        print(x[n])
    except Exception as e:
        print('error',e.args)
        import pdb; pdb.set_trace()

print("done")
...   1
      2
      error (2,)
      > <ipython-input-1-33e2334696d6>(2)<module>()
      -> for n in range(4):
      (Pdb) print(x[n])
      *** KeyError: 2
      (Pdb)
```

この例ではエラー内容が明確です。
しかし、開発が大規模になるとどこにエラーがあるのか、わかりづらくなります。
ブレイクポイントを使って効率よくエラーの原因を探り、バグを発見修正していきましょう！

エラーの原因として変数に正しい値が入っていないことはよくあります。テキストボックスでさまざまな変数を入力して確認してください。

関数について

04

関数を使うと、プログラムのまとまりを作成して呼び出すことができます。同じ処理を何度も行う際に、プログラムを書くよりも関数を用いたほうが便利です。

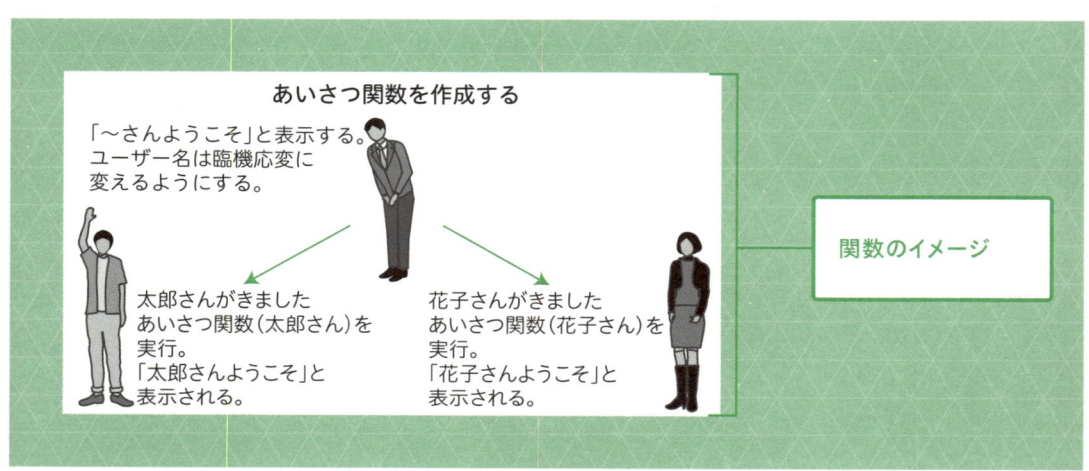

あいさつ関数を作成する

「〜さんようこそ」と表示する。
ユーザー名は臨機応変に
変えるようにする。

太郎さんがきました
あいさつ関数（太郎さん）を
実行。
「太郎さんようこそ」と
表示される。

花子さんがきました
あいさつ関数（花子さん）を
実行。
「花子さんようこそ」と
表示される。

関数のイメージ

▼ 関数を作ってみよう

まずは、関数の使い方について見ていきましょう。
関数は、関数名と引数で構成されています `01` 。

`01` 関数の書式

```
関数名（引数1, 引数2,  引数3...）
```

実は、これまでも関数を使っていました。print関数やround関数です `02` 。実行結果は `03` のようになります。

`02` print関数、round関数の使用例

```
n = round(1.1)
print(n)
```

MEMO
最初は関数について理解が難しいかもしれませんが、「変数のプログラム版」とイメージすると理解しやすいでしょう。

03 実行結果

```
1
```

　これらはすでにPythonで用意されている関数です。特定の処理を行う関数を自分で作成することもできます。

　def 関数名(引数):で、関数を作成します。1行目のコロンの後ろは改行してインデント(字下げ)をしましょう。

　ここでは、userという引数を持つgreetという関数を作成しましょう。作成したgreet関数の引数をテストユーザーとしてプログラムを実行してみます **04** **05** 。

04 関数の例

```
def greet(user):
    print("こんにちは。" + user + "さん。")

greet("テストユーザー")
```

05 実行結果

```
こんにちは。テストユーザーさん。
```

　結果をprintしない場合は、returnで値を取得することができます **06** **07** 。

06 returnの例

```
def greet(user):
    return("こんにちは。" + user + "さん。")

msg = greet("テストユーザー")
print(msg)
```

07 実行結果

```
こんにちは。テストユーザーさん。
```

引数の中に関数を入れることで一気に処理を行うことも可能です。
消費税の計算を行う関数を作成しましょう **08** **09** 。

08 引数に関数を入れる例

```python
def calc_tax(n):
    tax = 1.1
    return n * tax

pen = 100
print(round(calc_tax(pen)))
```

09 実行結果

```
110
```

　round(calc_tax(pen))では、関数の引数にさらに関数を入れています。
　まず、calc_taxが実行され、110.00000000000001が返ってきます。そ
のあとにroundが実行され、四捨五入を行います。それをprintすると110
が表示されます。( ) の中にある関数から実行されるので、順番を意識してプ
ログラムを書きましょう。

クラスについて

05

クラスは、これまで学んだ変数や関数を組み合わせたプログラムの設計図のようなものです。

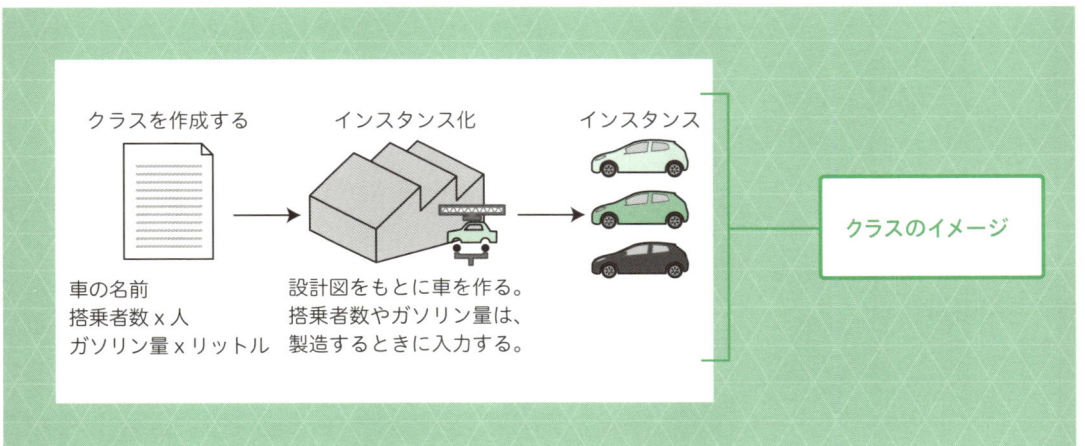

クラスを作成する　　インスタンス化　　インスタンス

車の名前
搭乗者数 x 人
ガソリン量 x リットル

設計図をもとに車を作る。
搭乗者数やガソリン量は、
製造するときに入力する。

クラスのイメージ

▼ クラスを作成してみよう

これまで学習してきたことに比べると概念が難しいといわれていますが、まずは以下の3つの言葉を理解しましょう。

●クラス　●インスタンス化　●インスタンス

車の場合、クラスは設計図、インスタンスは車、インスタンス化は車を作ることです。車の設計図を思い浮かべてみましょう。設計図には、このような要素が書かれているはずです。

●車の名前　●搭乗者数　●走行

これらの要素を1つのクラスとしてPythonで表現すると、**01** のようなプログラムになります。クラス名は大文字で始まることに注意してクラスを書いてみましょう。

この設計図をもとに車を作ることをインスタンス化、作った車のことをインスタンスといいます。Carという設計図をもとにcar1という車を作っています。実行結果は **02** のようになります。

01 クラスの例

```python
class Car:
    def __init__(self, name, passengers):
        self.name = name
        self.passengers = passengers
        print("車を作りました")

    name = ""
    passengers = 0;

    def run(self):
        print("走行しています。")

car1 = Car("honda", 5)
print(car1.name)
car1.run()
```

02 実行結果

```
車を作りました
honda
走行しています。
```

　selfとは、インスタンス自身のことです。

　インスタンス変数やメソッド（クラス内の関数）を使用する際には、selfを用いることになります。

　def __init__(self, name, passengers): は、インスタンス化されたときに呼び出されるメソッドです。今回は、nameとpassengersを引数として、インスタンス化するときに初期値を設定しています。

　インスタンス化は、クラス名() で実行することができます。各インスタンス変数やメソッドは、インスタンス.変数名（またはメソッド名）で呼び出すことができます。

　今回は、car1 = Car() でインスタンス化して、car1.nameでインスタンス変数、car1.runでメソッドを呼び出しました。

クラスを継承してみよう

作成した車のクラスに、新しい機能を加えてみましょう。すでに作った設計図を引継ぎ、機能を追加した新しい設計図を作成することができます。これを、クラスの継承といいます。

先ほど作成したCarクラスに、ガソリン残量と給油の機能を追加してみましょう **03** **04** 。

以下の仕様でGasCarクラスを作成します。

- ● ガソリン車
- ● ガソリン残量
- ● 車の名前
- ● 走行
- ● 搭乗者数
- ● 給油

03 クラスを継承する例

```python
class Car:
    def __init__(self, name, passengers):
        self.name = name
        self.passengers = passengers
        print("車を作りました")


    name = ""
    passengers = 0;

    def run(self):
        print("走行しています。")


class GasCar(Car):
    def __init__(self, name, passengers):
        super().__init__(name, passengers)
        self.gas = 0
    def refuel(self, n):
        self.gas += n
        print("合計"+str(self.gas) + "リットル")

car2 = GasCar("honda_wagon", 8)
print(car2.name)
car2.refuel(1)
car2.refuel(3)
```

04 実行結果

```
車を作りました
honda_wagon
合計1リットル
合計4リットル
```

　superを使うと、親クラス（Carクラス）のメソッドを呼び出すことができます。これまでのnameとpassengersにgasを追加しました。

　refuelがガソリンを給油するメソッドです。

モジュール、パッケージ、ライブラリについて

06

外部のプログラムをインストールすることで効率的に開発をすることができます。
パッケージインストーラのpipの使い方についても学びます。

pip - The Python Package Installer

pip is the package installer for Python. You can use pip to install packages from the Python Package Index and other indexes.

Please take a look at our documentation for how to install and use pip:

- Quickstart
- Installation
- User Guide
- Reference Guide
- Development
- UX Research & Design
- Changelog

モジュール、パッケージ、ライブラリについて

　モジュールとは、Pythonで記述されたファイルのことです。〜.pyでファイル
を作成し、他のファイルからimportで読み込み、関数やクラスを使用すること
ができます。

　プログラムを書いていると、コード量が膨大になってしまうことがあります
が、ファイルを分割することで管理がしやすくなります。また、コードを再利用
することができるようになるので、効率的に開発を行えるようになります。

　これらのモジュールをまとめたものが、パッケージです。そして、パッケージ
をまとめたものが、ライブラリとなります。ライブラリが最も大きく、モジュール
が最も小さい単位となります。外部のコードを読み込むという点では同じであ
るため、細かく区別することなく使用できます。

　Pythonには、オープンソースのパッケージやライブラリがあります。車輪の
再発明をしないためにも、先人たちが築き上げてきたプログラムもうまく活用
しましょう。

pipでインストールしてみよう

それでは、pipの使い方を学びましょう **01** **02** 。

01 pipの書式

```
pip install パッケージ名
```

02 ターミナル（参考）

```
$ pip install django
```

バージョンを指定してインストールすることもできます **03** 。

03 ターミナル（参考）

```
$ pip install django==2.2.17
```

Colabでpipを使用する場合は、pipの先頭に「！」を付けます。

グラフ描画ライブラリのmatplotlibは、多くの現場で使用されていますが日本語には対応していません **04** 。文字化けしている箇所は「グラフ」と書かれています。

04

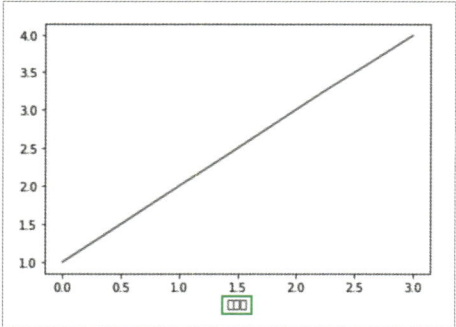

そこで、日本語化対応モジュールをインストールします **05** 。
こちらはColabでも行うことができます **06** 。

05

```
!pip install japanize-matplotlib

import matplotlib.pyplot as plt
import japanize_matplotlib

plt.plot([1, 2, 3, 4])
```

注意❗
importでは読み込みを行っていますが、install時と一致していない場合（ハイフンがアンダースコアに変更）があるので、注意してください。

```
plt.xlabel('グラフ')
plt.show()
```

06

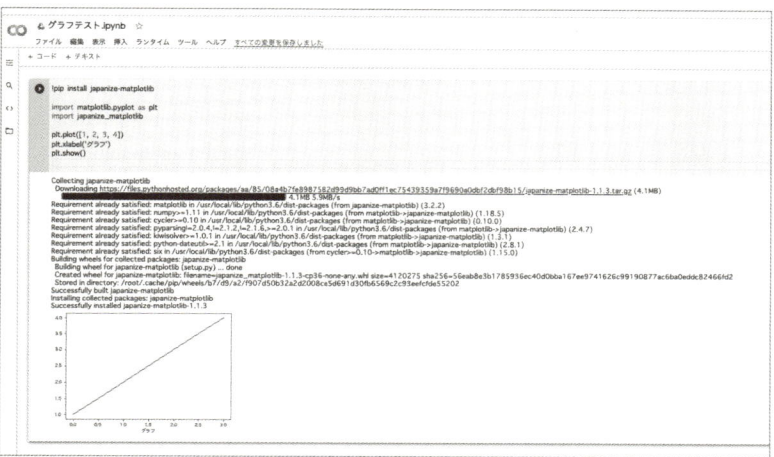

コードを実行するとインストールが行われ、日本語化しました **07** 。

07

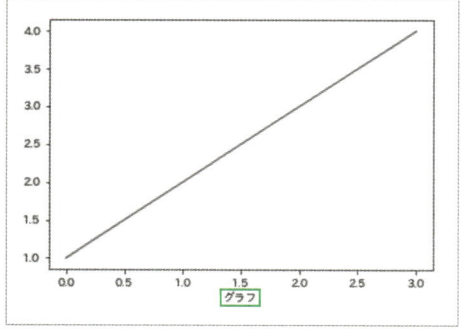

ファイル（.py）の読み込み

　ここからは、主にCloud9やローカルでの開発を前提に解説を進めます。Colab
では実行できませんが、Djangoで開発を進めるために必要になる内容です。

　これまでは、pip経由でインストールと読み込みを行ってきましたが、作成し
たコードも同じように再利用することができます。簡単なモジュールを作成し
て、別のファイルから読み込んでみます。

Pythonでは、.py形式でファイルを作成します。module.pyにHello, world!をprintする関数を記述します **08** 。

08 module.py（参考）

```
def hello world():
    print('Hello, world!')
```

次に、同じディレクトリにmain.pyを作成します **09** 。

09 main.py（参考）

```
import module
module.hello_world()
```

importする際、拡張子の.pyは不要です。ターミナルで、ファイルがあるディレクトリでmain.pyを実行してみましょう。lsで作成したファイルが表示されない場合は、cdでディレクトリを変更しましょう **10** **11** 。

10 ターミナル（参考）

```
$ python main.py
```

11 実行結果

```
Hello, world!
```

モジュール名が重複すると、エラーとなる場合があります。asを使用することで、名前を変えることができます **12** 。

12 main.py（参考）

```
import module as greet
greet.hello_world()
```

モジュールから特定の関数を呼び出して使用することもできます **13** 。

MEMO
lsやcd等のコマンドはPART2以降で説明します。

13　module.py（参考）

```
from module import hello_world
hello_world()
```

　1つのファイルに膨大なコードを記述すると管理が大変です。機能ごとにモジュールを作成し、再利用することにも挑戦してみてください。

pip freezeとrequirements.txt

　同じコードでも、環境が異なるとプログラムが動作しない場合があります。さまざまな要因がありますが、pipでインストールしたライブラリ等のバージョンが異なると、こうした問題が起こりやすくなります。そのため、環境が変わってもインストールするバージョンを統一することが必要です。
　インストールしているライブラリ等は、ターミナルで確認することができます **14** 。

> **MEMO**
> pip
> https://pip.pypa.io

14　ターミナル（参考）

```
$ pip freeze
```

　また、この表示内容でファイルを作成することも可能です。
　カレントディレクトリ（現在地）にrequirements.txtが生成されます **15** 。

15　ターミナル（参考）

```
$ pip freeze > requirements.txt
```

　そして、requirements.txtがあるディレクトリで、 **16** のようにインストールを実行すると、ライブラリ等のバージョンを統一することができます。

16　ターミナル（参考）

```
$ pip install -r requirements.txt
```

> **MEMO**
> 本書でライブラリ等を使用するときには、配布したファイルのrequirements.txtを使用してバージョンを統一します。

PART2

Djangoの基本を学ぶ

PART2では、WebアプリケーションフレームワークDjango（ジャンゴ）の基本について学びます。

01 なぜDjangoが求められているのか
02 Djangoの役割

なぜDjangoが求められているのか

01

Djangoとはどういうものなのか。簡単なアプリケーションを作成して、Djangoの特徴について理解しましょう。

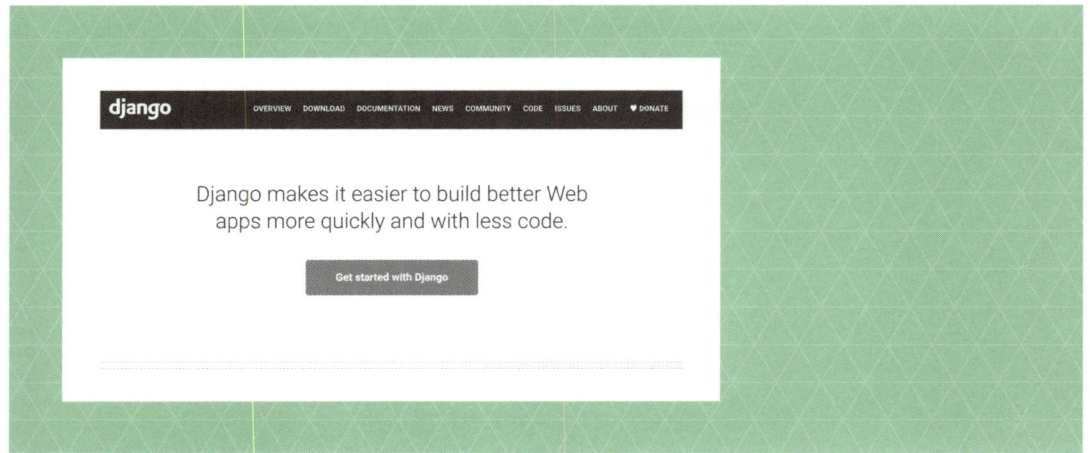

Djangoとは

　Djangoは、Pythonに対応したWebアプリケーションフレームワークです。ニュースサイトやSNSのようなWebアプリケーションを、効率よく高速で開発することができます。ライブラリを活用することで「車輪の再発明」をする必要がなくなります。

　PART2は以下の方が対象になります。

- Pythonの基礎は理解しているが、Webアプリケーションの開発は初めて
- Djangoを基礎から学びたい
- PythonとDjangoを使ってWebアプリケーションを開発したい

　PART2でDjango開発の基礎を学び、PART3でPythonとDjangoでSNSを開発していきます。

　Pythonの基礎が不安な方は、PART1を復習しながら取り組んでください。

MEMO

Django

https://www.djangoproject.com/

MEMO

車輪の再発明とは、確立された技術を再びーから作ることです。ログイン機能など多くのWebアプリケーションで必要になる機能は、Djangoから呼び出すことで効率的な開発ができます。

今こそDjangoを学ぼう

　Webアプリケーションの開発には、Java、PHP、Rubyなどが採用されることも多くありましたが、近年はPythonの人気が高まり、新たに学ぶ人も増えてきました。

　「はじめに」にも記した通り、PythonとDjangoは、YouTube、Instagramなど急速に成長したサービスでも採用されてきました。これらのサービスには、データの登録やログイン、ログアウト、メール送信、管理画面など共通する機能があります。これらの機能をゼロから初心者が開発するのは大変です。しかし、Djangoには最初からこれらの機能が用意されているので、初心者でも少しコードを書くだけで実装することができます。SNSではユーザーの個人情報を扱うことがありますが、Djangoにはセキュリティ対策の仕組みもあります。
　また、開発現場で起こりがちなこととして、複数のエンジニアで開発をするとディレクトリやファイルの構成や名前がバラバラになってしまうこともありますが、Djangoではディレクトリの構成などのルールが決められているので、混乱が起こりにくいことも大きなメリットです。

　PART1でpipについて学びました。Djangoで使用できるライブラリがすでに開発されているので、それらをインストールすることで、開発を効率化することができます。ライブラリは、無料で商用利用ができるBSDライセンスで公開されています。

　このようなメリットがあるため、Djangoは注目を集め多くの現場で採用されています。Pythonと合わせて活用することで、Webアプリケーション開発の可能性が大きく広がります。
　今こそDjangoを学びましょう！

MEMO
BSDライセンスはフリーソフトウェアライセンス体系の一つ。

MEMO
Djangoで は、ORM（Object-Relational Mapping）という機能によって、SQLインジェクション等のセキュリティ対策を行うことができます。SQLインジェクションとは、データベースを操作する言語であるSQLを使用したサイバー攻撃の一種のことです。

Djangoの役割

02

Djangoでの開発を始める前に、WebアプリケーションとDjangoの全体像を学びましょう。MTVについても理解しましょう。

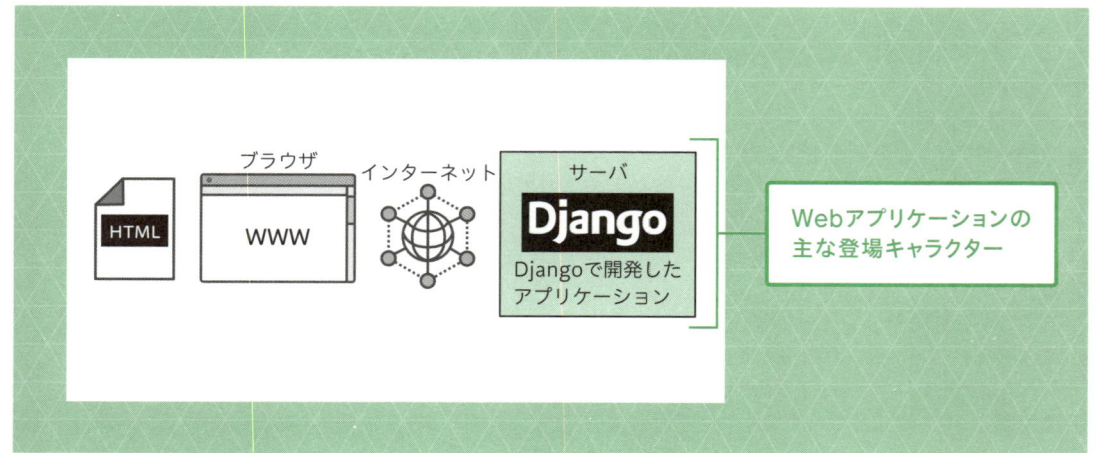

上図のようなキャラクターが協働してWebアプリケーションを実現します。普段使っているサービスも、こういった構成要素から作られます。

 ## Webアプリケーションとは

アプリケーションとは、インターネットを使ったソフトウェアのことです。Webアプリケーションを利用するとき、ブラウザとサーバの間ではさまざまなやりとりが行われています。

ブラウザからWebアプリケーションを利用するとき、サーバにリクエストを送ります。例えば、ブラウザから「ニュースの記事を取得する」というリクエストを送ると、Webアプリケーションで情報を取得するための処理が行われます。ニュースの記事はデータベースから取得され、Webアプリケーションで処理されたあと、ブラウザにHTMLを返してニュースの記事が表示されます（HTMLについてはのちほど学びます）。データ取得の他、同じ流れでデータの作成や保存、編集、削除が行われます。このようなサーバやブラウザ間のやりとりを「リクエスト」と「レスポンス」といいます。

> **MEMO**
> 本書ではインフラについては詳しく扱いません。インフラについて学びたい方は、AWSの関連書籍などで勉強するとよいでしょう。

DjangoのMTVとは

Djangoの役割について詳しくみていきましょう。Djangoのプログラムは、モデル(Model)、テンプレート(Templete)、ビュー(View)という概念で構成されており、これら3つをまとめてMTVと呼びます。MTVはDjangoで開発を行う上で特に大切な考え方なので、しっかり覚えておきましょう。それぞれの役割を確認しましょう **01** 。

01 MTVの役割

モデル(M)	データをどのように処理をするのか決め、SQL文を発行してデータベースとのやりとりをする
テンプレート(T)	HTML、CSS、JavaScriptでブラウザにどのように表示するかを決める
ビュー(V)	リクエストをもとにモデル、テンプレートとやりとりをして、受け取ったデータベースとテンプレートを組み合わせてレスポンスを返す

DjangoでのWebアプリケーション開発では、データベースを操作するSQL、テンプレートを作成するHTML、CSS、JavaScriptなどの言語も理解する必要があります。本書ではこれらの言語を初めて学ぶ方でも理解できるように簡単に説明をしますが、本来はそれぞれの言語を基礎から学習することが望ましいです。初心者向けのテキストも豊富にあるため、開発スキルをアップさせたい方はぜひ学んでみましょう。

02 はユーザーの要求から、その処理結果を画面に返すまでのMTVの各要素の関連を示した図です。

ユーザーがブラウザ操作で送った要求がDjangoまで到達したら、まずURLで要求内容を振り分けます。どのような結果を返すかの大枠をビューが形作り、それに必要なデータをモデル経由でデータベースに取りに行ってもらい、必要な画面の構成をテンプレートから受け取ります。それらをビューが結果の画面としてまとめ上げてユーザーのブラウザまで返します。

MEMO

HTMLタグには、画像を表示する<img>タグ、外部リソースを指定する<link>タグなどさまざまな種類があります。HTMLを詳しく理解するためには、別途学習する必要があります。

02 MTVの全体像

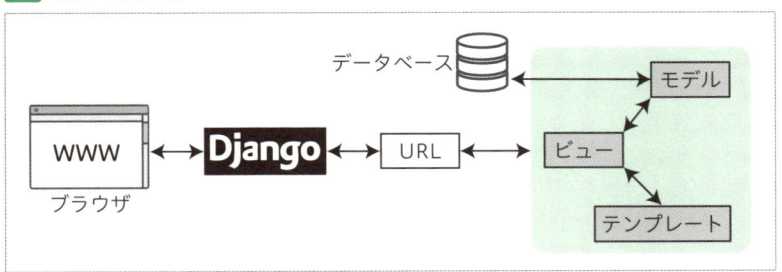

　MTVは流れを掴めば非常に簡単です。もし今の段階でMTVの概念が理解できなかったとしても、プログラミングを走らせて進めてみてください。進めることで理解できる場合もあります。では、一緒にやっていきましょう。

Djangoの第一歩

01   開発環境の準備

02   CUIの基本的なコマンド

03   PythonとDjangoのバージョン

04   プロジェクトとアプリケーションを作成する

05   開発用サーバを動かそう

06   マイグレーションと管理ページ

開発環境の準備

01

初心者がプログラミングを学習する上で最初につまずいてしまうのが環境設定です。本書では複雑な環境設定は行わず、AWS Cloud9を利用してクラウドの開発環境の準備をします。

AWS Cloud9を
利用する

▼ AWS Cloud9とは

AWS Cloud9（以下Cloud9）は、Amazonが提供するクラウド開発環境です。サービス名にあるAWSは、Amazon Web Serviceのことで、Amazonが提供するクラウドサービスです。

Cloud9ではColabのようにブラウザからコードを入力して実行することができます。Djangoで開発を行うとき、同じコードであってもプログラムを実行する環境によっては正しく動作しない場合があります。開発やプログラムを実行する環境に問題があり、一度動かなくなってしまうと、設定変更に時間がかかり開発が滞ってしまいます。

Cloud9のようなサービスは、クラウドIDEと呼ばれています。IDE（統合開発環境）とは、テキストエディタやCUIコマンド入力などを一括で行えるソフトウェアのことです。現場ではVisual Studio Code、Pythonに特化したPyCharmなどさまざまなIDEが利用されています。詳しくは巻末のAPPENDIXを参照してください。

AWSに登録しよう

それでは、Cloud9を動かしてみましょう。まず、AWSにログインする必要があります。AWSアカウントをお持ちでない方は、 **01** のURLから新規アカウントの作成をしてください **02** 。

01

```
https://portal.aws.amazon.com/billing/signup
```

02 AWSアカウントの作成

新規アカウントを作成すると12ヶ月の無料枠が含まれていますが、不正利用を防止するためにクレジットカードの登録が必須になっています。

AWSの料金について

Cloud9は、環境構築時に「t2.micro」という設定をすることで、月に750時間無料で利用できます。24時間1ヶ月稼働しても無料枠の範囲内でおさまります。ただし、開発環境と本番環境でインスタンス（仮想サーバ）を2つ作成したり、複数のリージョンでインスタンスを使用したりすると、インスタンスごとの時間が合算され料金が発生するので注意してください。他にも、一度使用したサービスは停止しないと料金が課金され続けてしまうことがあります。

料金体系が変更される場合があるため、AWSのホームページも確認しながら利用してください **03** 。

MEMO
AWSにおけるインスタンスとは仮想サーバのことです。Pythonのクラスで学んだインスタンスとは意味が異なるので注意してください。

03 AWS無料利用枠

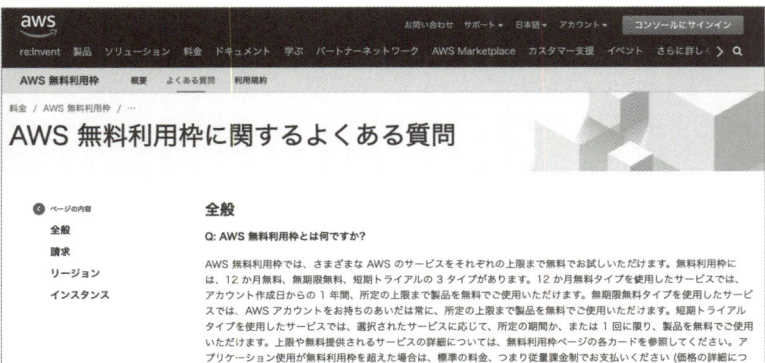

AWSの初心者は無料枠の範囲内で利用できるよう、t2.microを設定した Cloud9を1つだけ用意することを推奨します。

Cloud9を使ってみよう

AWSのアカウントを作成したら、Cloud9の環境設定を行っていきましょう。まず、**04** のURLからCloud9のページを開いてください **05** 。

04

```
https://aws.amazon.com/jp/cloud9/
```

05 Cloud9

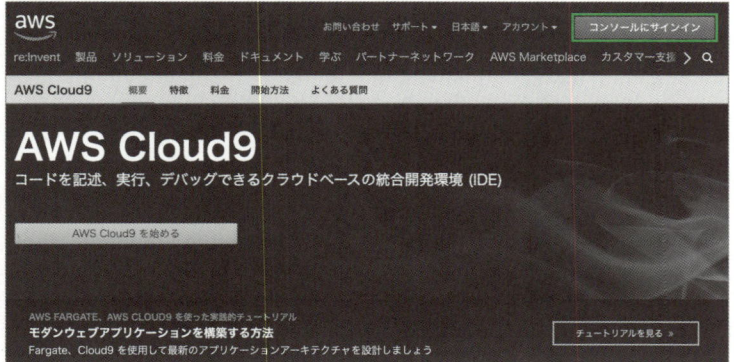

画面右上の［コンソールにサインイン］をクリックします。作成したAWSのアカウントでログインしましょう。権限の制限されていない「ルートユーザー」

MEMO
AWS
https://aws.amazon.com/jp/free/free-tier-faqs/

でログインしましょう **06** 。

06 AWSサインイン

MEMO

rootとIAMの違いは、https://docs.aws.amazon.com/ja_jp/general/latest/gr/root-vs-iam.htmlを確認してください。rootのほうが権限が強く多くのことができます。その分ミスしたときにセキュリティ問題が生じる可能性が高いです。本書では多くは触れませんが、本格的な開発をする際には違いを理解しておきましょう。

　ログインすると、AWSマネジメントコンソールが表示されます。画面右上からリージョンを選択しましょう。リージョンとはデータセンターの場所のことで、利用者の最も近い場所が好まれています。ここでは、日本から地理的に近い東京リージョンを選択します **07** 。

07 リージョンの選択

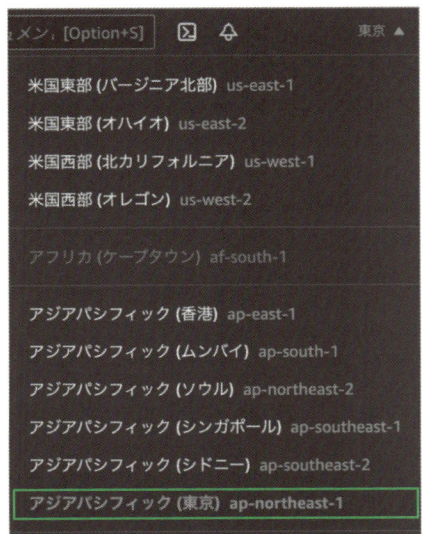

リージョンを設定したら、上部のメニューから［サービス］をクリックして「開発者用ツール」の中から［Cloud9］を選択します **08** 。

08

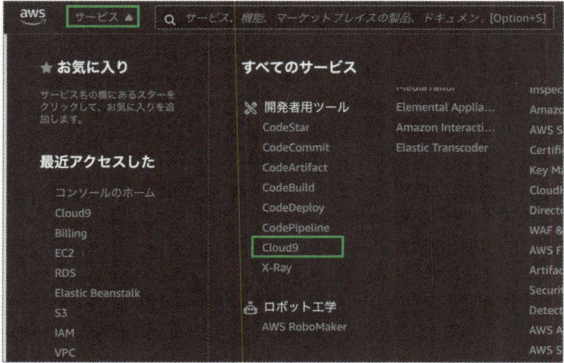

Cloud9のページが開きます。画面右側にある［Create environment］ボタンをクリックしましょう **09** 。

09

次に、Nameに任意の名前を入力して、［Next step］ボタンをクリックします **10** 。

10

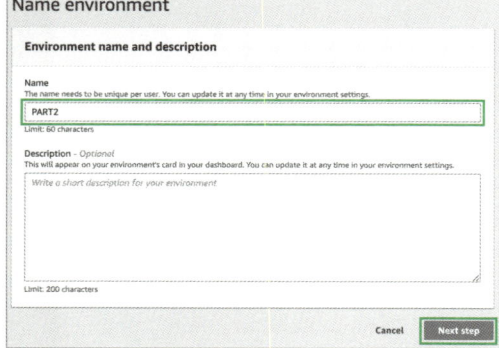

Configure settings画面では、「インスタンスタイプ」が無料枠で利用可能な「t2.micro」が設定されていることを確認しておきましょう 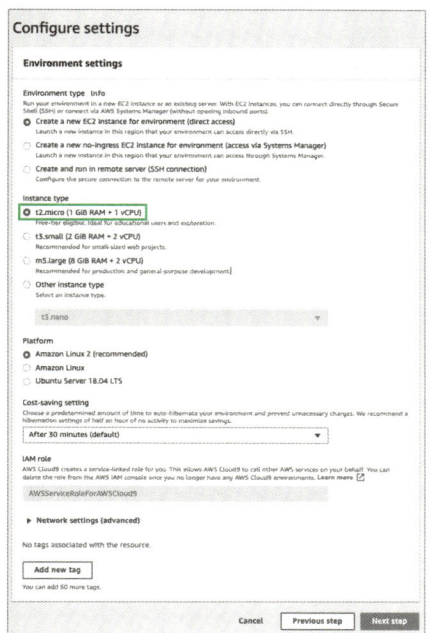 。

11

次のページで［Create environment］ボタンをクリックすれば、環境設定は完了します **12** 。

12

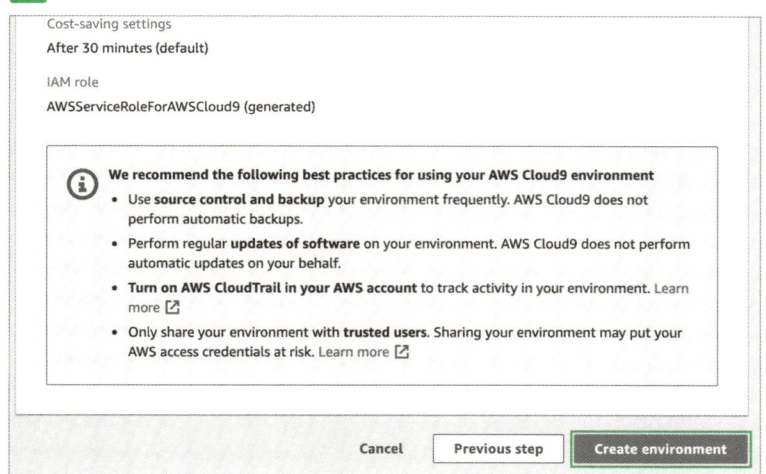

　完了すると、IDEが自動で立ち上がります **13** 。少し時間がかかる場合も
あります。

13

　作成したCloud9の環境は、AWS管理画面のメニューのサービスから
Cloud9を選択して確認することができます **14** 。Cloud9管理画面の一覧
から環境を選択して［Open IDE］ボタンをクリックして立ち上げましょう。

14

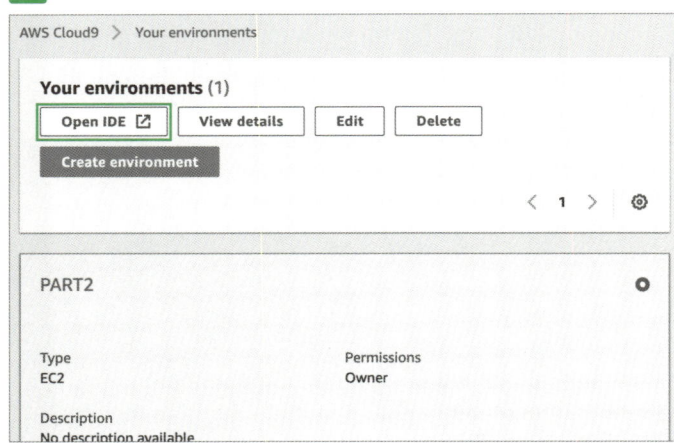

CUIの基本的なコマンド

02

Cloud9のターミナルでコマンド入力をしましょう。ここでは基本的なコマンドについて学びます。

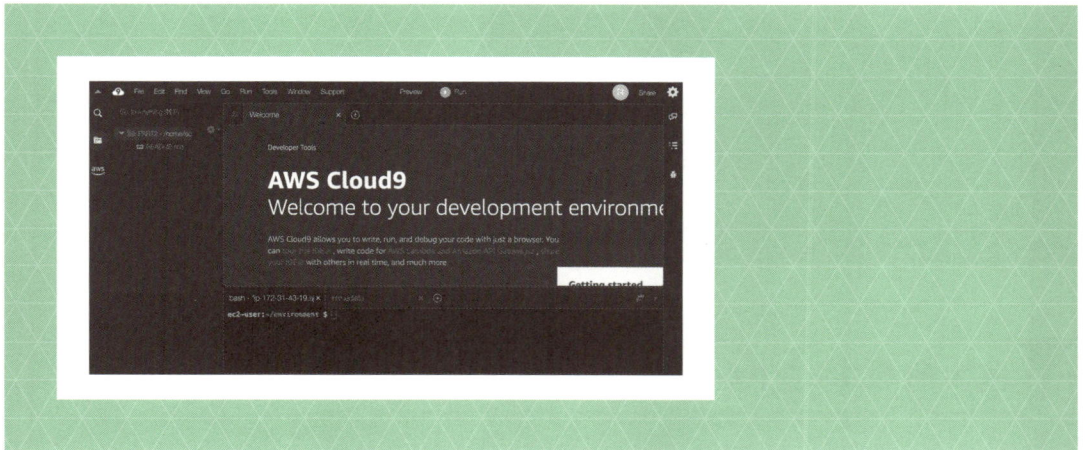

GUIとCUI

　WindowsやMacでは、マウスを使ってカーソルを動かし、ファイルの選択や移動、削除を行っています。ファイルをドラッグしてゴミ箱に入れて削除をするなど、直感的に操作ができるインターフェースをGUI（グラフィカル・ユーザ・インターフェース）といいます。

　一方で、Django等で行うプログラミングでは、CUI（キャラクタ・ユーザ・インターフェース）というインターフェースでコンピュータを操作します。キャラクタとは文字のことで、CUIではコマンドをターミナルと呼ばれるアプリケーションに入力していきます。

　例えば、ファイルを削除する場合は、ターミナルに「rm ファイル名」というコマンドを入力することで、ファイルが削除されます。ターミナルでは $ マークの右側にコマンドを入力します 01 。コマンドを入力するときに $ は入力しません。

> **MEMO**
> rmはremoveの略で、ファイルやディレクトリを削除するときに使います。

01 ファイルを削除する例

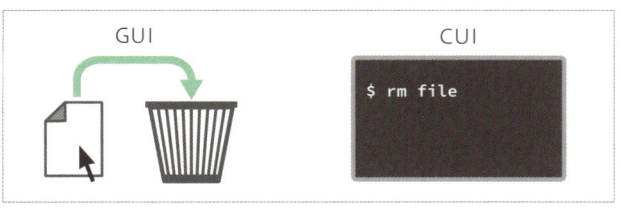

Cloud9の初期画面では、画面下のec2-user:~/environmentの箇所を選択するとコマンドを入力できるようになっています 02 。ターミナルが表示されているか確認しましょう。

02

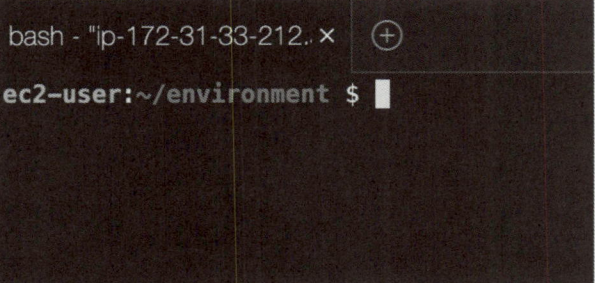

基本的なコマンドを一緒に練習しよう

Djangoに限らずプログラミングでは、開発の過程でターミナルにコマンドを入力する必要があります。よく使用するコマンドはぜひ覚えてください 03 。

03 主なコマンド

コマンド	役割
ls	ディレクトリ内を表示する
pwd	現在のディレクトリのパスを表示する
mkdir	ディレクトリ（フォルダ）を作成する
cd	ディレクトリ（フォルダ）を切り替える（移動する）
rm	ファイルやディレクトリ（フォルダ）を削除する

初心者の方は、コピーペーストで対応することを推奨しています。コピーはCtrl（MacはCommand）+ C、ペーストはCtrl（MacはCommand）+ Vです。

それぞれのコマンドを、ターミナルに入力してみましょう 04 。

コマンドを入力して、Enterキーを押して実行してください。入力した文字を削除する場合はBackspaceキーを押してください。

lsコマンドは、現在のディレクトリにあるファイルの一覧を表示します。

MEMO
ターミナルは［×］ボタンをクリックすると消えてしまいます。再度ターミナルを表示するには、画面上部の［Window］メニューから［Presets］→［Full IDE］を選択し、緑色の［+］ボタンをクリックして［New Terminal］を選択します。

MEMO
ディレクトリを削除する場合には、「rm -r ディレクトリ名」とコマンドを入力します。また削除しようとするファイルが存在しない場合はメッセージが表示されますが、「rm -f ファイル名」と入力するとメッセージが表示されなくなります。-r や -f はオプションと呼びます。コマンドの詳細は巻末のAPPENDIXでも解説していますので、詳しく学びたい方はご確認ください。

PART 2　Djangoの基本を学ぶ

```
$ ls
README.md
```

「bash: 入力したコマンド: command not found」と表示されることがあります。これは、コマンドが見つからないという意味で、入力ミスの可能性があります。正しくコマンドが入力されているか、確認してみましょう。

コマンドを入力する場合は、本書で示しているコードの$より後ろを入力してください。ターミナルで「ls」を入力するときには、「$ls」ではなく「ls」と入力します 05 。
ec2-user:~/environmentというディレクトリには、README.mdというファイルがあることがわかります。

```
bash - "ip-172-31-32-211..×   ⊕

ec2-user:~/environment $ ls
README.md
ec2-user:~/environment $ █
```

lsは、list segmentsの略です。

ディレクトリとはフォルダのことです。

ターミナルをドラッグして大きくすると使いやすくなります。

pwdコマンドは、現在のディレクトリのパスを表示します 06 。
パスはファイルやディレクトリの位置を表しています。「/」（スラッシュ）ごとにディレクトリの階層が下がっていくことで位置が決まっています。

pwdはprint working directoryの略です。

```
$ pwd
/home/ec2-user/environment
```

現在のディレクトリは、/home/ec2-userの中にあるenvironmentディレクトリであることがわかります。

mkdirコマンドは、first_dirという名前のディレクトリを作成します。
コマンドを入力してディレクトリを作成してみましょう 07 。

mkdirはmake directoryの略です。

```
$ mkdir first_dir
```

cdコマンドは、指定したディレクトリに移動します。
先ほど作成したfirst_dirディレクトリに移動してみましょう 08 。

PART 2 Djangoの基本を学ぶ

08 ターミナル

```
$ cd first_dir
```

ディレクトリ名を指定せず、1つ上のディレクトリへ移動することもできます。
09 のように入力してみましょう。

09 ターミナル

```
$ cd ../
```

　先ほど作成したfirst_dirディレクトリは、本書では使用しないので、コマンドを入力して削除してみましょう。
　rmコマンドで、ファイルやディレクトリの削除をします。ファイルを削除する時は「rm ファイル名」ですが、ディレクトリを削除するときは「rm -r ディレクトリ名」と入力します。-rの箇所はオプションと呼ばれ、削除の方法を指定することができます。first_dirというディレクトリを削除するので、 10 のように入力してみましょう。

10 ターミナル

```
$ rm -r first_dir
```

　CUIの操作は、慣れるまで時間がかかるかもしれませんが、積極的に使ってみてください。
　ディレクトリやファイルの操作は、 11 の画面のようにCloud9の左側にあるGUIを利用することもできます。
　基本的な操作はパソコンと似ていると思いますが、右クリックをすることで、ファイルやディレクトリの作成（New File、New Folder）、コピー（Copy）、削除（Delete）ができます。また、ドラッグをすることで、移動も可能です。

11

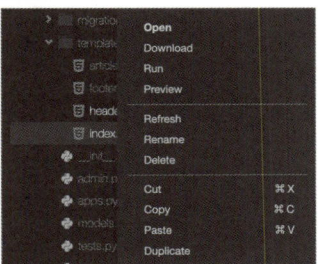

MEMO
cdはchange directoryの略です。

MEMO
2つ上に移動する場合は、cd ../../ と入力します。

PythonとDjangoのバージョン

03

PythonとDjangoのバージョンは非常に重要です。対応するバージョンを確認して開発を進めましょう。

どのバージョンの Python で Django が使えますか?

Django バージョン	Python バージョン
1.11	2.7、3.4、3.5、3.6、3.7 (1.11.17 で追加)
2.0	3.4、3.5、3.6、3.7
2.1	3.5、3.6、3.7
2.2	3.5, 3.6, 3.7, 3.8 (added in 2.2.8), 3.9 (added in 2.2.17)
3.0	3.6, 3.7, 3.8, 3.9 (added in 3.0.11)
3.1	3.6, 3.7, 3.8, 3.9 (added in 3.1.3)

▼ Djangoに対応するPythonのバージョン

PythonやDjangoのようなプログラミング言語やフレームワークはアップデートが行われており、バージョンが新しくなっていきます。それぞれが対応するバージョンでなければ、正しいコードを書いても動作しないことがあります。Djangoの公式サイトから、対応状況を確認することができます。

まずは、Cloud9で `01` のコマンドを入力して、pythonのバージョンを確認してみましょう。

本書執筆時点でのバージョンになります。

MEMO
Djangoに対応するPythonのバージョン
https://docs.django
project.com/ja/3.1/
faq/install/

MEMO
PART2ではCloud9に最初からインストールされているPythonを使用します。Pythonのバージョンが変更になる可能性があります が、Python3系を使用してください。

01 ターミナル

```
$ python -V
Python 3.7.9
```

次に、Djangoの確認をしてみましょう。PART2ではCloud9にインストールされているDjangoを使用します。`02` のコマンドを入力してバージョンを確認してみましょう。

こちらも本書執筆時点のバージョンです。

02 ターミナル

```
$ python -m django --version
2.0.2
```

PythonとDjango、それぞれのバージョンが確認できましたね。

Python3.7とDjango2.0は対応しているため、本書執筆時はCloud9の初期設定のままで問題ありません。バージョンに問題がある場合は、Cloud9画面左上の［Preferences］をクリックして **03** 、「Python Support」を選択し、Pythonのバージョン変更をしましょう **04** 。

03

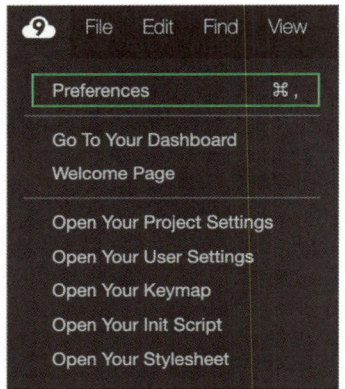

04

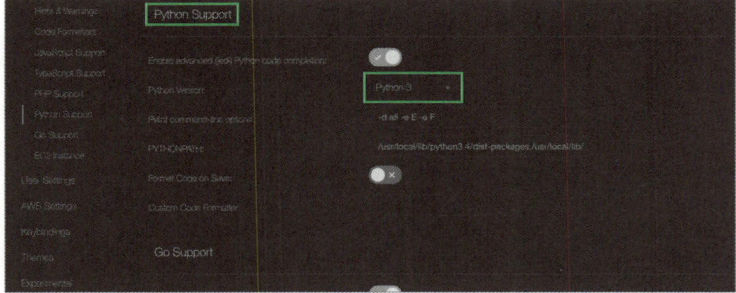

Cloud9では、Python2系か3系しか選べません。ターミナルでPythonのバージョンを確認しましたが、バージョンが「Python2.X.X」となっているものが2系、「Python3.X.X」となっているものが3系と呼ばれています。

本書の開発環境ではPython3.6ですが、さらに細かくバージョンを指定する場合は、pyenvを使用します。詳しくは、PART3も参考にしてください。

　PreferencesからPythonのバージョンは変更できますが、Djangoのバージョンに対応するバージョンがない場合は、Djangoのバージョンを指定して新たにインストールする必要があります。PART1で学んだpipを使用します 。

 ターミナル（参考）

```
$ pip install django==2.2.17
```

▼ Djangoのサポート

　実は、Django自体にもまれにバグ含まれていることがあります。日々バグは修正されていますが、そのバージョンのサポート期間が終了すると修正は止まってしまいます。LTS（Long Term Support）と呼ばれるサポート期間が長いバージョンがあるので、長期間の運用を想定する場合は確認しておきましょう 06 。

MEMO
Django3系のLTSは2021年4月に公開予定です。
https://www.django project.com/down load/#supported-ver sions

06 サポート対応に関するスケジュール

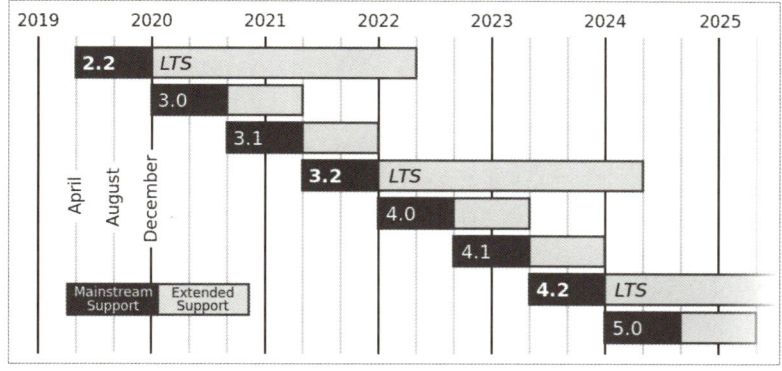

プロジェクトとアプリケーションを作成する

04

Djangoでのプログラミングの第一歩は、プロジェクトとアプリケーションの作成です。これから開発するニュースサイトのプロジェクトとアプリケーションを作成していきましょう。

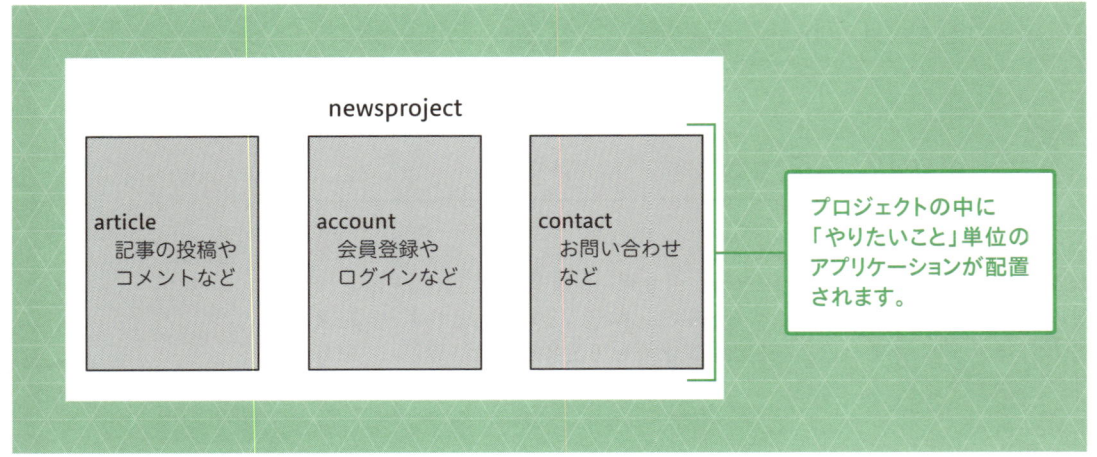

newsproject

article	account	contact
記事の投稿やコメントなど	会員登録やログインなど	お問い合わせなど

プロジェクトの中に「やりたいこと」単位のアプリケーションが配置されます。

▼ Djangoのプロジェクトとアプリケーション

Djangoで開発を始める際、まずはプロジェクトとアプリケーションを作成します。作成は、ターミナルにコマンドを入力して進めていきます。

本書ではこのあと、ニュースサイトの開発を行います。例えば、記事の投稿、会員機能、お問い合わせ機能を備えたニュースサイトを開発する場合、プロジェクトとアプリケーションは上図のようになります。

ここではプロジェクトはnewsprojectとしています。プロジェクトの名称は任意で付けることができます。そしてアプリケーションは、article、account、contactの3つがあります(PART2で作成するニュースサイトにcontactはありません)。プロジェクトという大きな枠の中にアプリケーションという機能が入っているイメージで大丈夫です。また、サービスの機能を増やす場合は、必要に応じてアプリケーションを追加していきます。

それでは、ターミナルから実際にニュースサイトのプロジェクトとアプリケーションを作ってみましょう。

プロジェクトとアプリケーションを作成する

ターミナルでプロジェクトとアプリケーションを作成しましょう。

これからコマンドやコードを入力することになりますが、Djangoの学習が初めての方はコピーペーストでも問題ありません。

プロジェクトは `01` のコマンドをターミナルに入力して作成します。

`01` プロジェクト作成のコマンド（参考）

```
$ django-admin startproject プロジェクト名
```

「プロジェクト名」のところは任意の名前を入力することができます。今回はプロジェクト名の箇所を「config .」として入力しましょう。「config」と「.」（ドット）の間には半角スペースを入れてください `02` 。

`02` ターミナル

```
$ django-admin startproject config .
```

これでまずはプロジェクトが作成されました。 `03`

画面左側でconfigディレクトリとmanage.pyが生成されたことを確認してください `03` 。

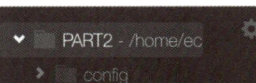

プロジェクト名の箇所を「config .」というコマンドにしておくと、あとでディレクトリが管理しやすくなるので覚えておくと便利です。

次に、manage.pyがあるディレクトリでアプリケーションを作成します。lsコマンドで、現在のディレクトリにmanage.pyがあることを確認してください。異なるディレクトリにいる場合は、cdコマンドで移動しましょう。

ディレクトリが正しいことを確認できたら、 `04` のコマンドでアプリケーションを作成しましょう。

`04` ターミナル

```
$ python manage.py startapp first_app
```

画面の左側でfirst_appディレクトリが生成 `05` されたことを確認しましょう `05` 。

開発用サーバを動かそう

05

開発用サーバをCloud9で動かし、Djangoのアプリケーションをブラウザで確認します。

手軽な開発用サーバのrunserver

　Djangoでは、手軽に使える開発用サーバを立ち上げブラウザから利用することができます。開発用サーバの立ち上げにはrunserverを使います。

　それでは、 `01` のコマンドを入力して開発用サーバを立ち上げましょう。

`01` ターミナル

```
$ python manage.py runserver $IP:$PORT
```

　ターミナルの右側に `02` のような画面が表示されます。このCloud9 HelpのURLにアクセスすると開発中のアプリケーションを確認できます。URLを開いてみましょう。

MEMO

runserverはターミナルからエラー内容を確認したり、バグの発見をしたりできるためとても便利です。ただし、並列処理ができない、サーバが落ちると再起動できない、といった理由により本番環境での利用は推奨されていません。

MEMO

IPとはIPアドレスのことで、インターネットに接続された機器を判別するためのアドレスです。127.0.0.1は、自分自身を指す特別なIPアドレスです。PORTはポートのことで、通信をするために必要な目印です。IPは住所、PORTは部屋番号のようなイメージで覚えましょう。

02

ブラウザでは、 **03** のようなエラーが表示されているはずです。いくつか設定を変更していきます。

03

```
DisallowedHost at /

Invalid HTTP_HOST header: '9b78eba030794ceabe7008fb67f3f5bb.vfs.cloud9.ap-northeast-1.amazonaws.com'. You may need
to add '9b78eba030794ceabe7008fb67f3f5bb.vfs.cloud9.ap-northeast-1.amazonaws.com' to ALLOWED_HOSTS.

        Request Method: GET
           Request URL: http://9b78eba030794ceabe7008fb67f3f5bb.vfs.cloud9.ap-northeast-1.amazonaws.com/
        Django Version: 2.0.2
        Exception Type: DisallowedHost
       Exception Value: Invalid HTTP_HOST header: '9b78eba030794ceabe7008fb67f3f5bb.vfs.cloud9.ap-northeast-
                        1.amazonaws.com'. You may need to add '9b78eba030794ceabe7008fb67f3f5bb.vfs.cloud9.ap-northeast-
                        1.amazonaws.com' to ALLOWED_HOSTS.
    Exception Location: /usr/local/lib/python3.7/site-packages/django/http/request.py in get_host, line 105
     Python Executable: /usr/bin/python3
        Python Version: 3.7.9
           Python Path: ['/home/ec2-user/environment',
                         '/usr/lib64/python37.zip',
                         '/usr/lib64/python3.7',
                         '/usr/lib64/python3.7/lib-dynload',
                         '/usr/local/lib64/python3.7/site-packages',
                         '/usr/local/lib/python3.7/site-packages',
                         '/usr/lib64/python3.7/site-packages',
                         '/usr/lib/python3.7/site-packages']
           Server time: Sun, 3 Jan 2021 01:55:18 +0000
```

　まず、Djangoで開発中のアプリケーションをブラウザに表示するために、ホスト名を許可するという設定を行います。先ほどのエラーメッセージの1行目から2行目に、settings.pyのALLOWED_HOSTSに下のURLを追加するように書かれています。

```
9b78eba030794ceabe7008fb67f3f5bb.vfs.cloud9.ap-
northeast-1.amazonaws.com
```

　このURLがホスト名です。自分のブラウザに表示されているホスト名を確認しましょう。

MEMO

02 の画面には、You have 14 unapplied migration(s). (以下省略) と赤字で表示されています。後述しますが、今は無視してかまいません。

MEMO

Cloud9でrunserverを実行する際は$IP:$PORTが必要ですが、ローカル環境ではpython manage.py runserverのみで実行できます。ローカル環境の初期設定では、http://127.0.0.1:8000/でページを開くことができます。ポートの8000番を別のアプリケーションで使用している場合には、python manage.py runserver 8080のようにポート番号を変えます。この場合、http://127.0.0.1:8080/でアクセスできるようになります。

MEMO

エラーメッセージは英語ですが、解決策が記載されています。このようなメッセージは非常に重要なので、翻訳ソフトを使用してでも理解するようにしましょう。

それでは、settings.pyにホスト名を追加してみましょう。

settings.pyとは、ホスト名、言語（日本語、英語など）、タイムゾーン（日本標準時、協定世界時）などDjangoで必要な設定をするためのファイルです **04** 。

04 settings.pyの設定イメージ

ホスト名
（HOSTS）
ホスト名を
example.com に
指定する場合

HOSTS=['example.com']

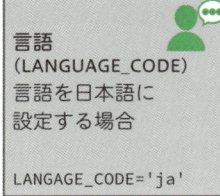
言語
（LANGUAGE_CODE）
言語を日本語に
設定する場合

LANGAGE_CODE='ja'

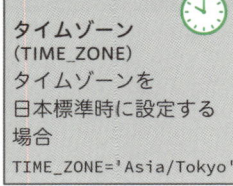
タイムゾーン
（TIME_ZONE）
タイムゾーンを
日本標準時に設定する
場合

TIME_ZONE='Asia/Tokyo'

画面 **05** の［config］ディレクトリから［settings.py］をダブルクリックで開いてください。

05 settings.pyの設定

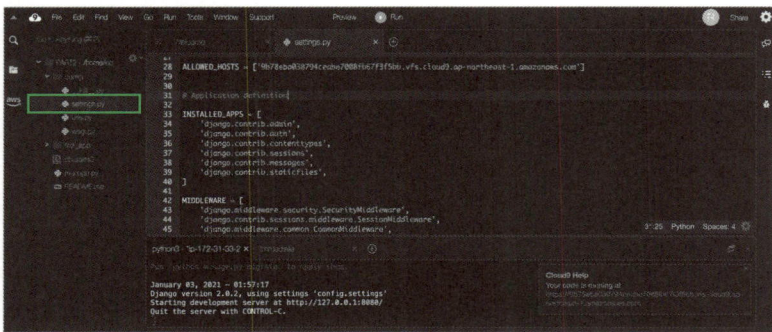

ALLOWED_HOSTSを探して、[ ]内にホスト名を入力します。Windowsでは Ctrl（コントロール）＋ F、Macは command（コマンド）＋ Fで検索ウィンドウを開き、「ALLOWED_HOSTS」をキーワード検索すると、すぐに見つけられます。

06 にある9b78eba030794ceabe7008fb67f3f5bb.vfs.cloud9.ap-northeast-1.amazonaws.comの箇所はアカウントごとに異なるため、ご自身の画面に表示された値を入力してください。ホスト名は文字列なので「'」（シングルクォート）の中に入力しましょう。

06　config/settings.py

```
・・・省略・・・

ALLOWED_HOSTS = ['9b78eba030794ceabe7008fb67f3f5bb.vfs
.cloud9.ap-northeast-1.amazonaws.com']

・・・省略・・・
```

さらにsettings.pyでいくつか設定をします。まずは、言語設定を行いましょう。
Djangoではアプリケーションで使用する言語を設定することができます。
settings.pyのLANGUAGE_CODEをja（日本語）に設定しておきましょう
07 。TIME_ZONEも日本標準時へ変更しましょう 08 。

07　config/settings.py

```
・・・省略・・・

LANGUAGE_CODE = 'ja'

・・・省略・・・
```

08　config/settings.py

```
・・・省略・・・

TIME_ZONE = 'Asia/Tokyo'

・・・省略・・・
```

　また、先ほどターミナルからプロジェクトと一緒にアプリケーションを作成し
ました。作成したアプリケーションはsettings.pyにコードを書いて追加をし
なければなりません。 09 のコードを書き足し、先ほど作成したfirst_appア
プリケーションをsettings.pyに追加しましょう。
　settings.pyにINSTALLED_APPSの[ ]内に追記してください。

PART 2　Djangoの基本を学ぶ

09　config/settings.py

```
 ・・・省略・・・

INSTALLED_APPS = [
    'first_app.apps.FirstAppConfig',
    'django.contrib.admin',
    'django.contrib.auth',
    'django.contrib.contenttypes',
    'django.contrib.sessions',
    'django.contrib.messages',
    'django.contrib.staticfiles',
]

 ・・・省略・・・
```

これで、setting.pyの初期設定が完了しました。
settings.pyの変更を保存しましょう。
メニューの［File］から［Save］を選択するか **10**、WindowsではCtrl + S、MacはCommand + Sで保存します。

10

もう一度ターミナルで **11** のコマンドを入力してrunserverを実行してください。

11　ターミナル

```
$ python manage.py runserver $IP:$PORT
```

画面右側にURLが表示されるのでクリックします **12**。

13 のページが開けば、これでインストールは完了です。

13 インストールの完了

django	Django2.0のリリースノートを見てください。

インストールは成功しました！おめでとうございます！

You are seeing this page because DEBUG=True is in your settings file and you have not configured any URLs.

　runserverの実行中はターミナルにコマンドを入力することができません。そこで、新規のターミナルタブを + ボタンで開いておくと、1つのターミナルでrunserver、もう一つのターミナルでコマンド入力ができます。

　次にコマンドを入力するのでrunserverを終了します **14** 。

　Ctrl + Cを押してください。

　runserverを終了すると、再びコマンドが入力できるようになります。

14 runserverの終了

```
Django version 2.0.2, using settings 'config.settings'
Starting development server at http://127.0.0.1:8000/
Quit the server with CONTROL-C.
^Cec2-user:~/environment $ ▮
```

マイグレーションと管理ページ

06

Djangoではブラウザでデータベースを管理できるページが用意されています。このページを開くために必要なマイグレートを行って、データベースの内容をブラウザから確認しましょう。

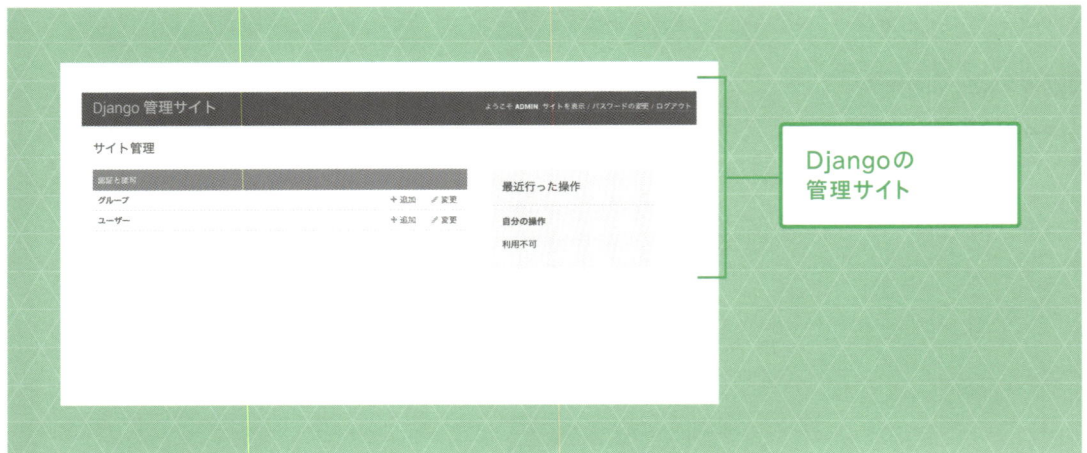

前節でrunserverを実行したときに、 `01` のメッセージがターミナルに表示されていました。

`01` ターミナル（参考）

```
You have 14 unapplied migration(s). Your project may
not work properly until you apply the migrations  for
app(s): admin, auth, contenttypes, sessions.
Run 'python manage.py migrate' to apply them.
```

14の適用されていないマイグレーションがあり、python manage.py migrateを実行するよう書かれています。ニュースサイトであれば記事の投稿など、Djangoで書いた処理をデータベースに反映するには、マイグレートという処理が必要になります。マイグレーションファイルを作成し、そのファイルの内容をデータベースに適用するマイグレートという処理を行います。詳しくは、CHAPTER3で説明するため、今は「新しいデータベースを作ったり、内容を変更したりするときはマイグレートが必要」と覚えておけば大丈夫です。

では、ニュースサイトの記事や管理者のアカウント情報、管理者のアカウントを保存するための新しいデータベースを作成しましょう。 `02` のコマンドを入力して、マイグレートを行ってください。

```
$ python manage.py migrate
```

　マイグレートを実行すると、manage.pyと同じディレクトリにdb.sqlite3というファイルが生成されます。このファイルがデータベースとなっており、今後は記事の内容などが保存されます。

　03 の画面が表示されたら成功です。

03

```
ec2-user:~/environment $ python manage.py migrate
Operations to perform:
  Apply all migrations: admin, auth, contenttypes, sessions
Running migrations:
  Applying contenttypes.0001_initial... OK
  Applying auth.0001_initial... OK
  Applying admin.0001_initial... OK
  Applying admin.0002_logentry_remove_auto_add... OK
  Applying contenttypes.0002_remove_content_type_name... OK
  Applying auth.0002_alter_permission_name_max_length... OK
  Applying auth.0003_alter_user_email_max_length... OK
  Applying auth.0004_alter_user_username_opts... OK
  Applying auth.0005_alter_user_last_login_null... OK
  Applying auth.0006_require_contenttypes_0002... OK
  Applying auth.0007_alter_validators_add_error_messages... OK
  Applying auth.0008_alter_user_username_max_length... OK
  Applying auth.0009_alter_user_last_name_max_length... OK
  Applying sessions.0001_initial... OK
```

▼ 管理ページにアクセスしよう

　データベースができたところで、管理ページにアクセスしてみましょう。今後、記事の投稿や編集、削除も、管理ページから行います。

　管理ページにアクセスする際はアカウントが必要です。createsuperuserを実行すると、アカウントの作成ができます。 04 のコマンドを実行しましょう。

04 ターミナル

```
$ python manage.py createsuperuser
```

　ユーザー名、メールアドレス、パスワード、パスワード（再入力）を一つずつターミナル上で入力しましょう 05 。セキュリティへの配慮からパスワードは画面上に表示されません。最後の項目まで入力すると、Superuser created successfullyと表示され、アカウント作成が完了します。

05 ターミナル上での入力イメージ（参考）

```
Username (leave blank to use 'ec2-user'): admin
Email address: hoge@example.com
Password:
Password (again):
Superuser created successfully.
```

アカウントが作成できたので、管理ページをブラウザで開いてみましょう。
runserverを実行します **06** 。

06 ターミナル

```
$ python manage.py runserver $IP:$PORT
```

管理ページのURLは、https://ホスト名/admin/となります。
　本書の環境では、https://9b78eba030794ceabe7008fb67f3f5bb.
vfs.cloud9.ap-northeast-1.amazonaws.com/admin/ となりますが、
ご自身のホスト名をブラウザに入力してください。

　ページを開くと、**07** の画
面が表示されます。先ほど作
成したアカウントのユーザー
名とパスワードを入力して、ロ
グインしましょう。

07 ログイン画面

Django 管理サイト

ユーザー名:

パスワード:

ログイン

　管理画面にログインできま
した **08** 。この管理画面は
のちほど使用するため、今は
ログインができることが確認
できれば大丈夫です。

08

Django 管理サイト　　　　　　　　　　　　　　　　　　　ようこそ **ADMIN**. サイトを表示 / パスワードの変更 / ログアウト

サイト管理

認証と認可

グループ　　　　　　　　　　　　　　　＋ 追加　／ 変更

ユーザー　　　　　　　　　　　　　　　＋ 追加　／ 変更

最近行った操作

自分の操作

利用不可

CHAPTER

3

ビューを作ってみよう

01　ビューとは
02　テンプレートを作ってみよう
03　モデルを作ってみよう

ビューとは

01

シンプルなニュースサイトを開発しながら、MTVについて理解を深めていきましょう。まずはビューについて学びます。

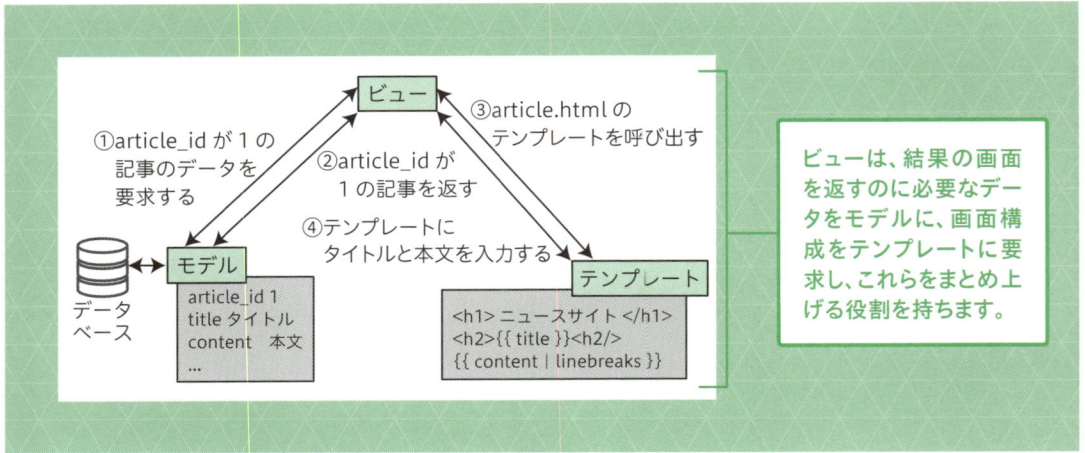

ビューは、結果の画面を返すのに必要なデータをモデルに、画面構成をテンプレートに要求し、これらをまとめ上げる役割を持ちます。

ビューの役割

　モデル（M）、テンプレート（T）、ビュー（V）は一般的に、単独ではなく3つ揃った状態で開発します。ビューは単独でも動作しますが、テンプレートとモデルを連携させる重要な役割があります。ビューだけ、あるいはテンプレートやモデルだけでニュースサイトは開発できないため、MTV全体の概念を掴みましょう。

　MTVの中で、Djangoの要となるのがビューです。ビューの中には関数がたくさんあります。Webサイトのユーザーが何かをクリックすると、その情報はURLディスパッチャ（urls.py）に送られ、ビューの中にある関数を呼び出します。リクエストをもとにデータをモデルから取得します。また、テンプレートからHTMLを生成してレンダリングします。

MEMO
MTVの全体の概念については、CHAPTER1の「02 Djangoの役割」を参照してください。

初めてのビュー

　PART1でもPythonで表示させた「Hello, world!」を、Djangoでも行ってみましょう。first_appディレクトリにviews.pyというファイルがあることを確認してください 。

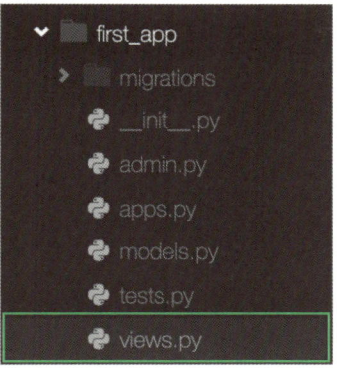

ファイルを開き、 **02** のコードを書きましょう。すでにviews.pyファイルに書かれている「from django.shortcuts import render # Create your views here.」はすべて削除した上で、コードを書いてください。

02 first_app/views.py

```
from django.http import HttpResponse


def index(request):
    return HttpResponse('Hello, world!')
```

　PART1で学んだPythonの関数が出てきました。関数について忘れてしまった方は、PART1で復習しましょう。

　views.pyに「Hello, world!」を返すindex関数を書きました。関数名は自由に付けることができますが、後述するURLディスパッチャでも使用するので、わかりやすい名前を付けておくとよいでしょう。

　HttpResponseという関数はDjangoにもともと用意されている関数で、引数に入力した値がブラウザに表示されるもの、と理解しておきましょう。また、テンプレートの説明は後述しますが、テンプレートファイルをHTMLで作成して<p>{{ name }}</p>のように変数を代入して表示します。

　次に、先ほどのビューファイルの内容をブラウザで表示をするために、URLディスパッチャの設定をします。URLディスパッチャは、ブラウザで入力されたURLに対応してどのビュー関数を返すかを決定します **03** 。入力されたURLから、ビュー内に書かれた多くの関数のどれを指定するのかという交通整理がURLディスパッチャの役割です。

PART 2　Djangoの基本を学ぶ

03 URLディスパッチャのイメージ

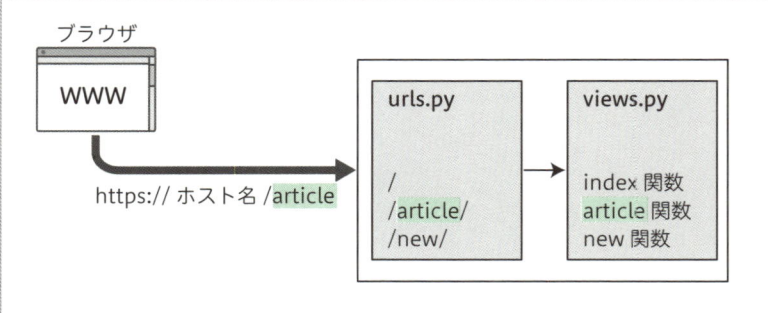

URLディスパッチャはconfig/urls.pyでも指定できますが、今回はfirst_app/urls.pyで行います。

まずは、first_appディレクトリにurls.pyというファイルを作成しましょう。新規ファイルは、first_appディレクトリを右クリックして［New File］を選択し **04**、ファイル名を入力します **05**。

04

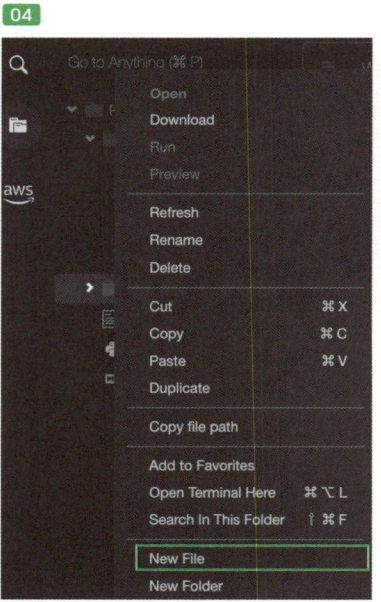

05

ファイルが作成できたら、urls.pyをダブルクリックして **06** のコードを書きましょう。この時点で、コードの内容は理解できなくても大丈夫です。

06 first_app/urls.py

```python
from django.urls import path
from . import views

app = 'first_app'
urlpatterns = [
    path('', views.index, name='index'),
    ]
```

configディレクトリにurls.pyがあることを確認し、**07** のコードに書き換えましょう。このコードを書くことで先ほど作成したfirst_app.urlsを読み込めるようになります。

07 config/urls.py

```python
from django.contrib import admin
from django.urls import include, path

urlpatterns = [
    path('', include('first_app.urls')),
    path('admin/', admin.site.urls),
    ]
```

config/urls.pyにpath関数を書きました。path関数の最初の引数は、URLで呼び出すパスを表しています。first_app_urlsではパスが空白になっており、自動的に一番上の階層のパスが指定されます。つまり、https://ホスト名/で表示することを意味しています。2つ目のpath関数では管理ページであるhttps://ホスト名/admin/を指定しています。urls.pyというファイルでURLを指定する、というイメージが掴めたら大丈夫です。includeをインポートしないと、エラーになるので注意してください。

パスの指定ができたら、runserverを実行して、画面右側に表示されるURLを開いてみましょう。https://ホスト名/にアクセスして、**08** のように「Hello, world!」が表示されることを確認しましょう。

MEMO
06 のfrom . import viewsの「.」(ドット) は現在のディレクトリ(カレントパス)を指します。環境が変わってディレクトリが指定できない場合は、「.」(ドット)の場所にディレクトリ名を入力してください。

MEMO
ここに登場するdjango.urlsは、djangoが用意した機能を呼び出すためのものです。親と子のような関係でurls.pyが2つ登場しますが、混同しないように注意しましょう。config/urls.pyが親のurlのような役割を果たしています。まずconfig/urls.pyでは、"(文字列が空)にアクセスが来た場合はfirst_app.urlsを参照します。次に、first_app/urls.pyでは、" にアクセスが来た場合views.index関数を参照します。

08

Hello, world!

ビューで変数を扱ってみよう

Pythonの基礎で、変数に指定した値を代入できることを学びました。先ほどは「Hello, world!」を表示するプログラムとして引数にHello, world!を使ったHttpResponse関数を使いました。今度は、Hello, world!という文字列を一度messageという変数に代入して表示させてみましょう。

views.pyを 09 のように書き換えます。

09 first_app/views.py

```python
from django.http import HttpResponse

def index(request):
    message = 'Hello, world!'
    return HttpResponse(message)
```

runserverを実行し、https://ホスト名/を確認してください。先ほどと同じように「Hello, world!」が表示されましたね。ビューの中で変数が使えることを覚えておきましょう。

まだトップページしかありませんが、これから新しいページを作成していきましょう。first_app/views.pyにpage関数を追加することで、新しいページを追加することができます。URLから値を取得して画面の表示を変えることもできます。まずはviews.pyにpage関数を追記しましょう 10 。

10 first_app/views.py

```python
from django.http import HttpResponse

def index(request):
    message = 'Hello, world!'
    return HttpResponse(message)

def page(request, page_id):
    message = 'ページ' + str(page_id)
    return HttpResponse(message)
```

MEMO
ここまでのおさらいです。
1. ""（文字列が空）へアクセスが来る
2. config/urls.pyでは、""空→first_app.urlsを参照せよ
3. first_app/urls.pyでは、""空→views.index関数を参照せよ
4. views.py index Hello, Worldを返す
5. サイトへ表示される

次に、urls.pyを **11** のように変更しましょう。page関数の2番目の引数であるpage_idと、編集するfirst_app/urls.pyの<int:page_id>という箇所が対応しています。

11 first_app/urls.py

```
from django.urls import path
from . import views

app = 'first_app'
urlpatterns = [
    path('', views.index, name='index'),
    path('page/<int:page_id>/', views.page, name='page'),
    ]
```

　path関数でパスを指定していますが、ブラウザにhttps://ホスト名/page/1/を入力した場合は「ページ1」、https://ホスト名/page/2/ を入力した場合は「ページ2」が表示されるようになりました。
　runserverを実行し、ブラウザで確認してみましょう **12** 。

12

ページ1

MEMO
今後も新しいページを作成するごとに、urls.pyを編集しましょう。

テンプレートを作ってみよう

02

テンプレートはブラウザでどのようにコンテンツを表示するかを指定します。HTMLやCSSの基礎も合わせて学びましょう。

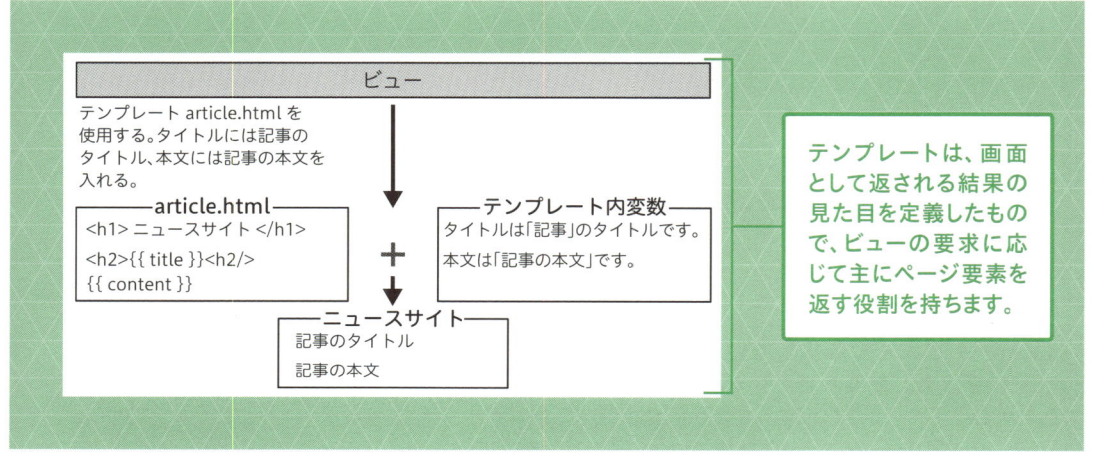

テンプレートは、画面として返される結果の見た目を定義したもので、ビューの要求に応じて主にページ要素を返す役割を持ちます。

テンプレートの役割

　テンプレートはその名の通りひな形のことで、ブラウザでコンテンツを表示する際の見た目を決めます。先ほどビューファイルを書いてHello, world!とブラウザに表示させましたが、ただ文字列が表示されただけでしたね。テンプレートを作ることで、文字の大きさや位置などを指定してよりリッチなページを作成することができます。

　テンプレートはHTMLで記述していきます。HTMLはマークアップ言語と呼ばれる言語で、一般的にWebサイトを作成する際に必ず使用されています。DjangoのテンプレートではPythonではなく主にHTMLやCSSを記述するため、初めての方は基礎からしっかり覚えていきましょう。

HTMLについて

　HTMLは開始タグ（<タグ>）とスラッシュの入った終了タグ（</タグ>）と呼ばれる2つのタグで該当箇所を囲いながら記述します **01** 。

01 HTMLの例（参考）

```
<タグ>コンテンツ</タグ>
<!-- または -->
<タグ>
```

さまざまな意味や役割を持つタグが最初から用意されています。タグでコンテンツを囲いながらサイトの構造を指定していくシンプルな言語なので、テンプレートファイルを書いていくうちに理解できるようになるでしょう。

例えば、ブログやニュースサイトなどの最もシンプルな構造は **02** のようになります。

02 ニュースサイトにおけるHTMLの例（参考）

```
<h1>ニュースサイト</h1>
<h2>タイトル</h2>
<p>本文です。<br>
改行しました。</p>
```

<h1>は見出しを意味するタグです。最も大きな見出しであるh1からh6まであります。そして<p>は段落です。
は囲う必要はなく、改行したい位置に一つだけ使用します。

▼ 初めてのテンプレート

それでは、Djangoでテンプレートを作成しましょう。

first_appディレクトリの直下にtemplatesディレクトリを作成してください。新規ディレクトリは右クリックして［New Folder］から作成できます 。

`03`

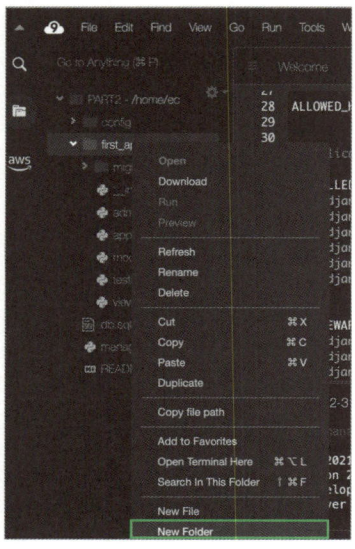

templatesディレクトリの中に `04` 、article.htmlというファイルを作成します `05` 。

`04`

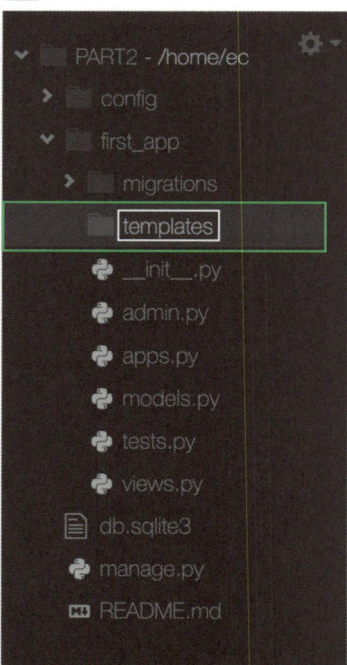

`05`

MEMO
migrationsディレクトリ内にtempletsディレクトリを作らないよう注意してください。

article.htmlに 06 のHTMLを記述しましょう。

06 first_app/templates/article.html

```html
<h1>ニュースサイト</h1>
<h2>{{ title }}</h2>
<p>{{ content }}</p>
```

{{ title }}と{{ content }}の箇所には、first_app/views.pyで指定した文字列が入ります。そこで、first_app/views.pyを **07** のように編集しましょう。{{ }}で囲われている値が表示されるので覚えておきましょう。

07 first_app/views.py

```python
from django.http import HttpResponse
from django.template import loader

def article(request):
    template = loader.get_template('article.html')
    context = {
        'title': '記事のタイトル',
        'content': '記事の本文'
    }
    return HttpResponse(template.render(context, request))
```

views.pyでインポートしているloaderでは、テンプレートファイルのarticle.htmlを指定しています。また、contextにはテンプレートの{{ title }}と{{ content }}に表示する内容を記述しています。

URLディスパッチャは **08** のように書き換えてください。

08 first_app/urls.py

```python
from django.urls import path
from . import views

app = 'first_app'
urlpatterns = [
    path('article/', views.article, name='article'),
    ]
```

ファイルの編集ができたら、runserverを実行してブラウザで確認してみましょう。https://ホスト名/article/ にアクセスすると、**09** のように表示されます。テンプレートで指定した見出しのHTMLが反映されていますね。

09

ニュースサイト

記事のタイトル

記事の本文

▼ includeでテンプレートを読み込もう

Webサイトの多くは、ヘッダー、メインコンテンツ、フッターで構成されています。複数のページで同じヘッダーとフッターを使うことが多くありますが、毎回ビューファイルに同じヘッダーとフッターのコードを書くのは大変です。そこで、テンプレートの出番です。テンプレートファイルにincludeというコードを書くことで、ヘッダーやフッターなど複数のページにまたがり使用する共通部分を呼び出すことができます **10** 。

10

ヘッダー
サービスのロゴやメニューなど

メインコンテンツ

フッター
コピーライト、メニューなど

Djangoでは、テンプレートをパーツごとに分割し、読み込むことができます。今回はヘッダーとフッターを分割して読み込みます。

まずは、ニュース記事ページのテンプレートを整えていきましょう。
先ほど作成したarticle.htmlを **11** のように編集してください。
includeを追記することで、その箇所にheader.htmlとfooter.htmlが読み込まれます。

11 first_app/templates/article.html

```
{% include 'header.html' %}
<article>
<h2>{{ title }}</h2>
<p>{{ content }}</p>
</article>
{% include 'footer.html' %}
```

次に、article.htmlで読み込むheader.htmlとfooter.htmlを新たに作成します **12** 。

12

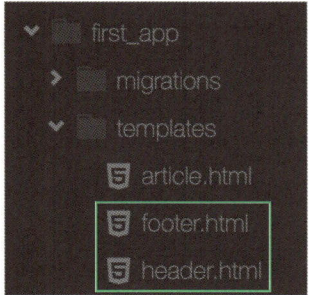

それぞれ **13** **14** の内容を書きましょう。

13 first_app/templates/header.html

```
<header>
    <h1>ニュースサイト</h1>
</header>
```

`14` first_app/templates/footer.html

```
<footer>
    <small>(c) ニュースサイト</small>
</footer>
```

　<header> <article> <footer>という新たなHTMLタグが記述されました。文字通り、<header>はヘッダー、<article>は記事、<footer>はフッターであることを示しています。Googleなどの検索エンジンはHTMLタグからサイトの構造を判断しているため、このようにタグを付けておくことで正しい構造を検索エンジンに伝えることができます。これらのタグは、<h1>のようにフォントサイズの変化や、ブラウザでの見た目上の変化はありません。そのため、タグの使用は必須ではありませんが、実際には多くのWebサイトで使用されているので覚えておきましょう。

　それでは、runserverを実行してブラウザで確認してみましょう。ヘッダー、メインコンテンツ、フッターがそれぞれ表示されていますね `15` 。

`15`

ニュースサイト

記事のタイトル

記事の本文

(c) ニュースサイト

　テンプレートを分割することで、例えばヘッダーの内容を変更しなくてはいけないときはheader.htmlを修正するだけで、テンプレートを利用するすべてのページに反映することができます。

MEMO
構造化されたわかりやすいHTMLタグは、検索エンジン対策にも有効です。

モデルを作ってみよう

03

MTVの最後はモデルを学びましょう。モデルを理解すると、データベースを簡単に操作することができます。

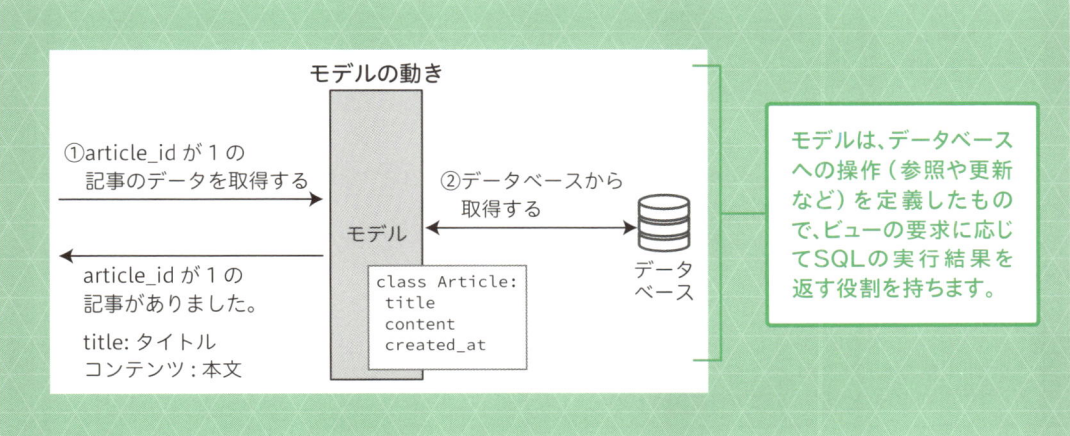

モデルの動き

①article_id が 1 の
記事のデータを取得する

モデル

②データベースから
取得する

class Article:
title
content
created_at

データ
ベース

article_id が 1 の
記事がありました。

title: タイトル
コンテンツ: 本文

> モデルは、データベースへの操作（参照や更新など）を定義したもので、ビューの要求に応じてSQLの実行結果を返す役割を持ちます。

モデルの役割

Webアプリケーションでは、会員情報や記事などのデータをデータベースに保存します。

例えばニュースサイトの記事の場合、データベースに記事のタイトル、本文、日付等を保存する必要があります。データベースに保存する要素を整理してモデルファイルに記述していきます。

MEMO
MTVの全体の概念については、CHAPTER1の「02 Djangoの役割」を参照してください。

初めてのモデル

モデルを作成してみましょう。first_appディレクトリ内にあるmodels.pyを のように編集しましょう。

Articleモデルを作成し、記事のタイトルをtitle、記事本文をcontent、作成時間をcreated_atというデータを保存するよう指定しています。

01 first_app/models.py

```python
from django.db import models

class Article(models.Model):
    title = models.CharField(max_length=100)
    content = models.TextField()
    created_at = models.DateField(auto_now_add=True,
blank=True)
```

　モデルファイルを編集したら、manage.pyのある階層で **02** のコマンドでマイグレーションファイルを作成しましょう。

　runserverを実行しているターミナルではコマンドを入力できないので、Ctrl + Cで終了しましょう。

02

```
$ python manage.py makemigrations
```

　ターミナルを確認してみましょう。コマンドを実行すると、first_app/migrationsの中にファイルが生成されていることがわかります **03** 。

03

```
bash - "ip-172-31-33-212. ×  ⊕

ec2-user:~/environment $ python manage.py makemigrations
Migrations for 'first_app':
  first_app/migrations/0001_initial.py
    - Create model Article
ec2-user:~/environment $ ▮
```

　ここで生成された0001_initial.pyを、**04** のコマンドでデータベースに適用します。

04 ターミナル

```
$ python manage.py migrate
```

これで、データベースで記事の情報を扱えるようになりました 05 。

05

```
python3 - "ip-172-31-33-2 ×  ⊕
      - Create model Article
ec2-user:~/environment $ python manage.py migrate
Operations to perform:
  Apply all migrations: admin, auth, contenttypes, first_app, sessions
Running migrations:
  Applying first_app.0001_initial... OK
ec2-user:~/environment $
```

　続いて、管理ページから記事を投稿できるように設定しましょう。先ほど編集したmodels.pyからArticleをインポートして管理ページで利用できるようにします。first_app内のadmin.pyを、 06 のように編集しましょう。

06 first_app/admin.py

```
from django.contrib import admin
from .models import Article


admin.site.register(Article)
```

　ファイルを編集したら、runserverを実行し、https://ホスト名/admin/で管理ページにログインしてください。FIRST_APPの下に「Articles」と表示されていますね。Articlesの横にある追加ボタンを押して、記事を追加してみましょう 07 。

07

CHAPTER 3

ビューを作ってみよう

MEMO
makemigrationsコマンドではマイグレーションファイルを作成しています。この作成されたファイルをもとにmigrateコマンドでデータベースへ反映しています。

タイトルと本文を入力して記事を保存してみましょう 08 。

保存された記事がArticle object (1)という形式で表示されています。(1)はIDが1の記事という意味です 09 。

これで管理画面から記事を管理できるようになりましたが、モデルファイルを少し編集して管理画面をさらに充実させてみましょう。

ここでは管理画面の3箇所を修正していきます。

まず、管理画面ログイン後のページでFIRST_APPの下に「Articles」と表示されていましたが、この表記を「記事」に変更します。次に、記事作成ページも日本語表記に変更します。title、contentなどモデルで設定した変数名がそのまま表示されていますが、タイトル、本文、投稿日というラベルを付けます。そして、記事の一覧画面は「Article object (1)」と表示されていましたが、この箇所に記事のタイトルを表示するようにします。

それでは、models.pyを 10 のように修正しましょう。runserverは実行したままで大丈夫です。

10 first_app/models.py

```python
from django.db import models

class Article(models.Model):
    title = models.CharField(max_length=100, verbose_name='タイトル')
    content = models.TextField(verbose_name='本文')
    created_at = models.DateField(auto_now_add=True, blank=True,
 verbose_name='投稿日')

    def __str__(self):
        return self.title

    class Meta:
        verbose_name_plural = '記事'
```

ファイルが編集できたら、再度管理ページを開きましょう。まず、FIRST_APPの下が「Articles」から「記事」に変更されていますね **11** 。

11

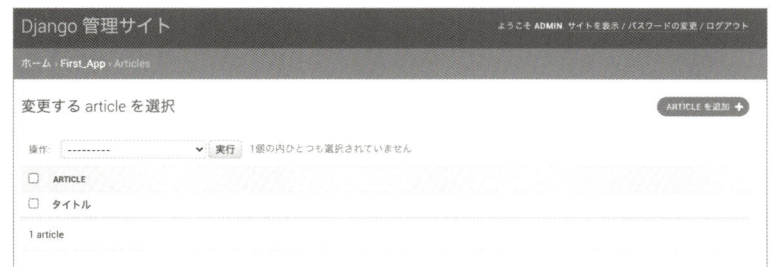

トップページでは、記事のタイトルが表示されるようになりました **12** 。

12

記事作成ページも、日本語で表示されています **13** 。

13

データベースの記事をテンプレートで表示しよう

データベースに保存した記事のデータと、先ほど作成したテンプレートを紐付けていきましょう。サンプル記事を3本ほど作成しておきます。タイトルや本文は適当なもので構いません **14** 。

14

記事の作成ができたら、views.py、index.html、article.html、urls.pyを編集します。

まず、views.pyを **15** のように編集しましょう。

15 first_app/views.py

```python
from django.http import HttpResponse
from django.template import loader
from .models import Article

def index(request):
    template = loader.get_template('index.html')
    articles = Article.objects.order_by('-created_at')[:5]
    context = {
        'articles': articles
    }
    return HttpResponse(template.render(context, request))

def article(request, article_id):
    article = Article.objects.get(pk=article_id)
    template = loader.get_template('article.html')
    context = {
        'article': article
    }
    return HttpResponse(template.render(context, request))
```

from .models import Articleでビューにモデルをインポートしています。
index関数はトップページの表示について指定をしています。Article.objects.order_by('-created_at')[:5]で、最新の5件取得して変数articleに代入しています。order_byは順番の並べ替えで、引数のcreated_at順に並べ替えるよう指定しています。created_atの先頭に「-」（ハイフン）がありますが、これを付けると新着順に表示され、created_atのみを表記すると古い順番にデータが取得されます。

article関数は、各記事の個別ページの表示について指定をしています。URLで入力されたarticle_id（https//ホスト名/article/1）から記事のIDを取得し、データベースからそのIDの記事のデータを取得します。

次に、templatesディレクトリにindex.htmlを **16** のように作成しましょう。

`16` first_app/templates/index.html

```
{% include 'header.html' %}
<ul>
    {% for article in articles %}
    <li><a href="/article/{{ article.id }}/">{{ article.title }}</a></li>
    {% endfor %}
</ul>
{% include 'footer.html' %}
```

{% %}という記述が出てきました。通常、拡張子が.htmlであるHTMLファイルにはHTMLしか記述することができませんが、DjangoでHTMLファイルにプログラムを書く場合は{% %}の中に記述します。

{% for article in articles %} {% endfor %}は、少し記述は異なりますがPART1でも学んだfor文と同じ役割をします。記事の数だけ繰り返し、記事はループ内でarticleとして扱うことができます。{{ article.id }}で記事のIDを、{{ article.title }}で記事のタイトルを出力しています。

次に、 `17` のようにarticle.htmlの編集をしましょう。

`17` first_app/templates/article.html

```
{% include 'header.html' %}
<article>
<h2>{{ article.title }}</h2>
<small>{{ article.created_at | date:'Y年n月j日' }}</small>
{{ article.content | linebreaks }}
<p><a href="/">トップページ</a></p>
</article>
{% include 'footer.html' %}
```

{{ article.created_at | date:'Y年n月j日' }}では、created_atで記事が作成された年月日を出力します。

また、{{ article.content | linebreaks }}で、記事の本文に改行を反映させます。

最後に、urls.pyを `18` のように編集しましょう。

18 first_app/urls.py

```
from django.urls import path
from . import views


app = 'first_app'
urlpatterns = [
    path('', views.index, name='index'),
    path('article/<int:article_id>/', views.article, name='article')
    ]
```

　views.pyで書いたarticle関数と同じように、URLで入力されたarticle_id（https//ホスト名/article/1の場合は1）から記事のIDを取得し、データベースからそのIDの記事のデータを取得できるようになりました。
　4つのファイルの編集が完了したら、runserverを実行してhttps://ホスト名/にアクセスし、ニュースサイトを確認しましょう。記事の一覧が表示されていますね **19** 。

19

> # ニュースサイト
>
> - タイトル1
> - タイトル2
> - タイトル3
>
> (c) ニュースサイト

　記事をクリックすると、本文を表示することができます **20** 。

20

> # ニュースサイト
>
> ## タイトル1
>
> 2021年1月1日
>
> 本文を表示しています。
> 改行も反映されます。
>
> トップページ
>
> (c) ニュースサイト

データの追加や編集などデータベースの操作を行う際、通常はSQLという専用の言語を記述して操作をしなければなりません。しかし、Djangoではコードを書くだけでデータベースとのやりとりができました。このようにDjangoをデータベースとつなぐ仕組みをORM（Object-Relational Mapping）といいます。

モデルのリレーション

ニュースサイトの記事に対してコメントを投稿できるコメント機能を付けていきましょう。そこで、コメントのモデルを作成し、記事と組み合わせてみます。

1つの記事に対して複数のコメントが投稿されることを想定しています。それに対して、投稿されたコメントは複数の記事に対するものではなく、1つの記事にだけ対応するコメントです。このようなモデル間の関係のことをリレーションと呼びます。

記事とコメントのリレーションを「一対多」と呼びます 21 。リレーションの例は 22 の図で確認しましょう。

21 記事とコメントのリレーション

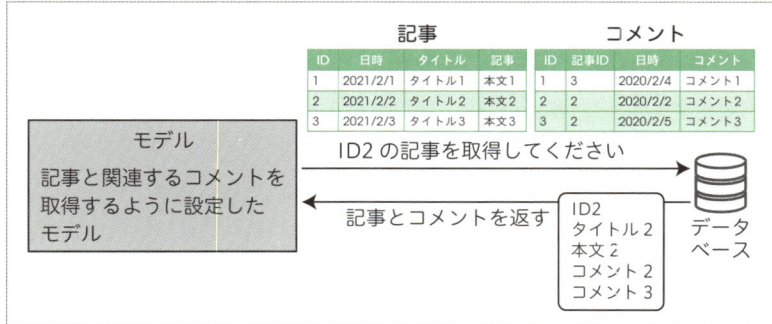

22 リレーションの例

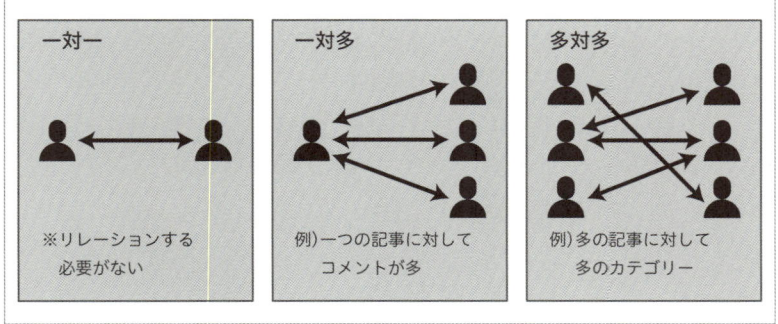

コメント機能の実装方法について見ていきましょう。

まずは、モデルファイルを編集してコメントを保存するデータベースを設定します。その際、どのコメントがどの記事に対応しているか、記事のデータベースと紐付けしなければなりません。一対多のリレーションでは、多となるモデルに一となるデータのIDを保存することで、データベース同士を紐付けます。この場合、Commentモデルで各コメントのデータにArticleのIDを保存することになります **23** 。

23

ID	日時	タイトル	記事		ID	記事ID	日時	コメント
1	2021/2/1	タイトル1	本文1		1	3	2020/2/4	コメント1
2	2021/2/2	タイトル2	本文2		2	2	2020/2/2	コメント2
3	2021/2/3	タイトル3	本文3		3	2	2020/2/5	コメント3

24 のようにモデルファイルに追記して、Commentモデルを作成しましょう。

24 first_app/models.py

```
from django.db import models

class Article(models.Model):
    title = models.CharField(max_length=100, verbose_name='タイトル')
    content = models.TextField(verbose_name='本文')
    created_at = models.DateField(auto_now_add=True, blank=True, verbose_
name='投稿日')


    def __str__(self):
        return self.title

    class Meta:
        verbose_name_plural = '記事'


class Comment(models.Model):
    content = models.TextField(verbose_name='本文')
    created_at = models.DateField(auto_now_add=True, blank=True, verbose_
name='投稿日')
    article = models.ForeignKey(to=Article, related_name='comments', on_
delete=models.CASCADE, verbose_name='記事')

    def __str__(self):
```

```
        return self.content

    class Meta:
        verbose_name_plural = 'コメント'
```

ForeignKeyは外部キーと呼ばれるもので、ここでは記事のIDを指します。Commentモデルの外からデータを引っ張ってくるためのキー、というイメージです。on_delete=models.CASCADEは、記事が削除されたときにコメントも削除されるよう設定するために記述しています。

新たにモデルを加えたので、データベースに反映しなければなりません。runserverを実行している場合は終了して、25 のコマンドでマイグレーションファイルの作成とマイグレートを実行しましょう。

25 ターミナル

```
$ python manage.py makemigrations
$ python manage.py migrate
```

データベースにCommentモデルが追加されました。
管理ページでもコメントを管理できるように、admin.pyに追記しましょう
26 。

26 first_app/admin.py

```
from django.contrib import admin
from .models import Article, Comment


admin.site.register(Article)
admin.site.register(Comment)
```

管理ページからコメントを管理できるようになりました。管理画面にアクセスして、コメントを投稿してみましょう。
管理画面トップにあるFIRST_APPの下のコメントからコメントを追加できるようになりました。
また、コメント作成ページではどの記事にコメントするか選択できるようになっています 27 。

27

　コメントはデータベースに保存されていますが、まだサイトには表示されません。 **28** の内容にテンプレートを編集してコメントを表示させてみましょう。

28 first_app/templates/article.html

```
{% include 'header.html' %}
<article>
    <h2>{{ article.title }}</h2>
    <small>{{ article.created_at | date:'Y年n月j日' }}</small>
    {{ article.content | linebreaks }}
    <hr>
    {% for comment in article.comments.all %}
    <div class="comment">
        {{ comment.content | linebreaks }}
    </div>
    <hr>
    {% empty %}
    <div class="comment">
        <p>コメントがありません</p>
    </div>
    {% endfor %}
    <p><a href="/">トップページ</a></p>
</article>
{% include 'footer.html' %}
```

　runserverを実行してサイトを確認しましょう。記事ページに先ほど投稿したコメントが表示されるようになりました **29** 。

29

ニュースサイト

タイトル1

2021年1月1日

本文を表示しています。
改行も反映されます。

記事1へのコメントです。

2回目のコメントです。

トップページ

(c) ニュースサイト

▼ ターミナルからデータベースを操作する（参考）

　これまでデータベースの操作を管理画面から行ってきましたが、前述の通りターミナルからもデータベースを操作することができます 30 。

30 Django Shellのイメージ

　ターミナルからPythonのコードでモデルを操作する方法と、SQL文で操作する方法があります。少し難しい内容になるため必須ではありません。SQL文も出てくるので目を通しておきましょう。ただし、モデルやデータベースを誤って編集してしまわないよう注意してください。

　まずは、Pythonコードでの操作方法です。manage.pyのあるディレクトリでターミナルの **31** のコードを入力することで、データベース等を操作できるモードに切り替わります。

31 ターミナル (参考)

```
$ python manage.py shell
```

　32 のコマンドで、データベースの値を取得することができます。データを確認するときに便利です。

32 ターミナル (参考)

```
In [1]: from first_app.models import Article

In [2]: article = Article.objects.get(pk=1)

In [3]: article
Out[3]: <Article: タイトル1>

In [4]: article.title
Out[4]: 'タイトル1'

In [5]: article.content
Out[5]: '本文です'

In [6]: article.created_at
Out[6]: datetime.date(2021, 2, 4)
```

　他にもさまざまなコマンドがあり、データベースの操作ができます。終了時はターミナルを開いた状態でCtrl + Dを押し、YESという意味の「y」を入力します **33** 。

33 ターミナル (参考)

```
Do you really want to exit ([y]/n)? y
```

　次は、SQL文でのデータベースの操作方法です。このサイトでは、SQLite3というデータベースを使用しています。SQLite3をターミナルからSQL文で操作する際は、db.sqlite3というファイルがあるディレクトリに移動して、**34** のコマンドを入力します。

MEMO
SQLite
https://www.sqlite.org/

34 ターミナル（参考）

```
$ sqlite3 db.sqlite3
sqlite>
```

　ターミナルにsqlite>と表示されていれば、SQL文が入力できます **35** 。
SQL文についてここで詳しい解説はしませんが、SELECT * FROM テーブル
名でテーブル内のデータを取得することができます。テーブルはデータを格納
しているExcelの表のようなイメージです。Ctrl + Dを押すと終了します。

35 ターミナル（参考）

```
sqlite> SELECT * FROM first_app_article;
1|本文1|2021-01-01|タイトル1
2|本文2|2021-01-01|タイトル2
3|本文3|2021-01-01|タイトル3
```

　Djangoのプログラミングをしているとデータベースのことをあまり意識する
ことはありませんが、背後ではSQLite3が動いています。
　SQLite3はSQL文により操作が行われていることを覚えておきましょう。

Djangoの基本をマスターしよう

01　MTVをもっと便利に
02　フォームを作ってみよう
03　ログイン、ログアウトを使ってみよう

MTVをもっと便利に

01

MTVの考え方を掴めてきたでしょうか。ここからはMTVでさらに効率よくプログラムを書いていきましょう。

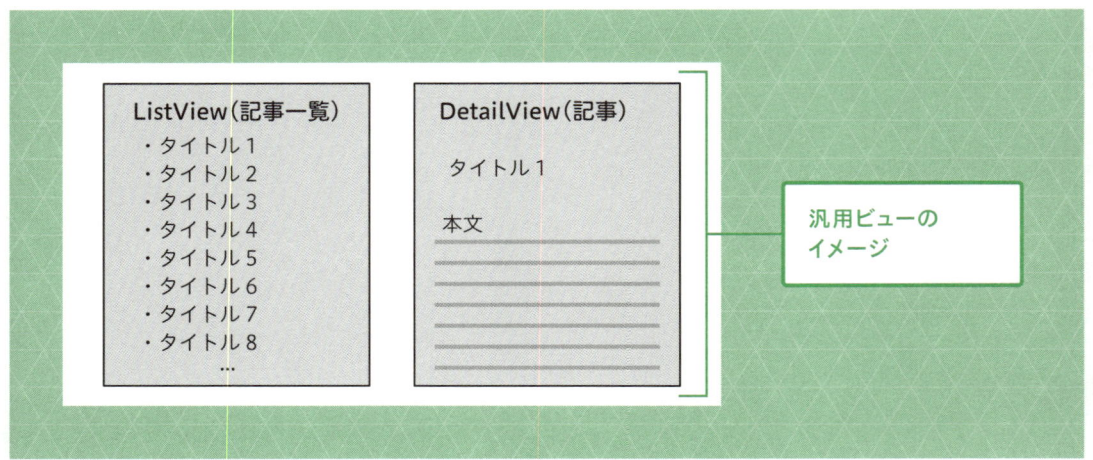

クラスベース汎用ビューの使用

　これまでビューファイルviews.pyにPythonの関数を書くことでページを作成していました。この方法だと、今後ビューファイルが増えるごとに記述しなくてはならないコードも増えてしまいます。そこで、Pythonのクラスを使ってコードを書くクラスベース汎用ビューを作成します。本書ではクラスベース汎用ビューの使用を推奨します。

　これまで作成してきたトップページと記事の個別ページを、クラスベース汎用ビューで作成してみましょう。クラスベース汎用ビュー（Generic View）というクラスビューを使います。クラスベース汎用ビューではListViewで記事の一覧、ListDetailでその詳細を、簡単に表示することができます。

　views.py、index.html、urls.pyを編集していきます。
まずはビューファイルを **01** のように書き直しましょう。

　IndexViewではgeneric.ListViewを指定しています。その中でArticleモデルのテンプレートファイルindex.htmlに一覧を表示するようにしています。def get_querysetで最新の記事を5つ表示するようにしています。

01 first_app/views.py

```python
from .models import Article
from django.views import generic

class IndexView(generic.ListView):
    model = Article
    template_name = 'index.html'

    def get_queryset(self):
        return Article.objects.order_by('-created_at')[:5]


class ArticleView(generic.DetailView):
    model = Article
    template_name = 'article.html'


index = IndexView.as_view()
article = ArticleView.as_view()
```

テンプレートファイルも一部変更しなくてはなりません。
02 のように編集しましょう。

02 first_app/templates/index.html

```html
{% include 'header.html' %}
<ul>
    {% for article in object_list %}
    <li><a href="{% url 'article' article.pk %}">{{ article.title }}</a></li>
    {% endfor %}
</ul>
{% include 'footer.html' %}
```

　index.htmlの{% for article in articles %}を{% for article in object_list %}に変更しました。ListViewでは自動的にobject_listに指定したモデルのデータが入ります。
　HTMLでリンクをするには、<a href="リンク先">テキスト</a>と記述します。
　{% url 'article' article.pk %}では、urlを指定しています。最初の「'」（シングルクオート）内ではurls.pyで指定するnameの値を記述します。

article.pkはIDを指定しています。pkはprimary keyの頭文字で、記事を識別するための連番になっている固有のIDのようなものです。このコードを記述することで<a href="/article/1/">のようなリンクが出力されます。

　クラスベース汎用ビューは、urls.pyでそのまま使用することができません。as_view( ) を記述することでurls.pyで使用できるようになるので覚えておきましょう。

　クラスベース汎用ビューのListViewでは、object_listと書くことで自動的に記事の一覧が入ります。

　urls.pyは、<int:article_id>を<int:pk>に変更しましょう `03` 。

`03` first_app/urls.py

```python
from django.urls import path
from . import views


app = 'first_app'
urlpatterns = [
    path('', views.index, name='index'),
    path('article/<int:pk>/', views.article, name='article'),
    ]
```

　runserverを実行して、クラスベース汎用ビューが適用されているかサイトを確認しましょう。記事一覧や記事の詳細ページがファイルを編集する前と同じように表示されていたら問題ありません。

▼ テンプレートの継承

　Djangoではベースとなるテンプレートを作成することで、他のテンプレートファイルにそのコードの一部を継承することができます。テンプレートファイルを複数作成するときに、コードを省略できるため効率的です。

　ベースとなるテンプレートbase.htmlを作成し、そのコードを継承するようにindex.htmlとarticle.htmlを編集していきます。

　まずは、templatesディレクトリに `04` の内容でbase.htmlを作成しましょう。

04 first_app/templates/base.html

```html
<!DOCTYPE html>
<html>

<head>
    <meta charset="utf-8">
    <title>{% block title %}ニュースサイト{% endblock %}</title>
</head>

<body>
    {% include 'header.html' %}
    {% block content %}{% endblock %}
    {% include 'footer.html' %}
</body>

</html>
```

　<title>タグの中の{% block title %}に注目してください。このタグに
はニュースサイトという文字が入っていますが、このテンプレートを継承する
テンプレートごとに独自のタイトルが設定されている場合はそれを呼び出し
て上書きします。例えば、記事詳細ページのテンプレートであれば記事のタ
イトルが<title>に出力されます。タイトルが設定されていない場合は、初期
値であるニュースサイトが表示されます。同様に{% block content %}
{% endblock %}には、記事一覧や記事本文が入ります。

　次に、index.htmlとarticle.htmlを編集しましょう **05** **06** 。

05 first_app/templates/index.html

```html
{% extends 'base.html' %}
{% block title %}トップページ{% endblock %}
{% block content %}
<ul>
    {% for article in object_list %}
    <li><a href="{% url 'article' article.pk %}">{{ article.title }}</a></li>
    {% endfor %}
</ul>
{% endblock %}
```

PART 2　Djangoの基本を学ぶ

06 first_app/templates/article.html

```
{% extends 'base.html' %}
{% block title %}{{ article.title }}{% endblock %}
{% block content %}
<article>
    <h2>{{ article.title }}</h2>
    <small>{{ article.created_at | date:'Y年n月j日' }}</small>
    {{ article.content | linebreaks }}
    <hr> {% for comment in article.comments.all %}
    <div class="comment">
        {{ comment.content | linebreaks }}
    </div>
    <hr> {% empty %}
    <p>コメントがありません</p>
    {% endfor %}
    <p><a href="/">トップページ</a></p>
</article>
{% endblock %}
```

　{% extends 'base.html' %}でbase.htmlのテンプレートを継承することを宣言しています。そしてtitleは初期値を上書きしてarticle.titleが表示されます。

　runserverを実行して、titleが反映されているかブラウザで確認してみましょう **07** 。トップページを見ると、タイトルはindex.htmlで指定したトップページになっていますね。

07

🌐 トップページ　　　×　　+

フォームを作ってみよう

02

ニュースサイトにフォームを付け加えましょう。フォームから送信された情報は、データベースに保存されます。

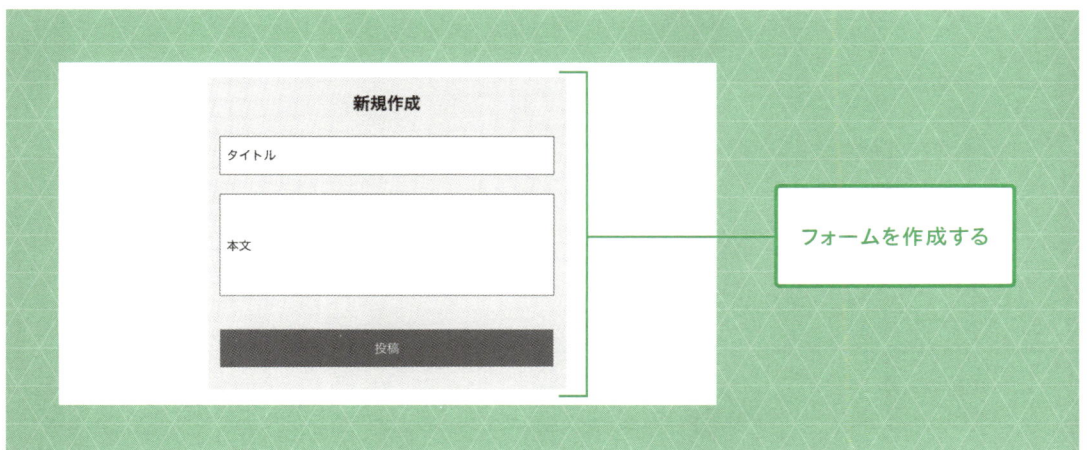

初めてのフォーム

このニュースサイトでは誰でも記事を投稿できるようにします。まずは、first_appディレクトリにforms.pyを作成して、フォーム機能のプログラムを書きましょう **01** 。

01 first_app/forms.py

```python
from django import forms
from .models import Article


class ArticleForm(forms.ModelForm):

    class Meta:
        model = Article
        fields = ('title', 'content')
```

記事の投稿なのでmodelはArticleを使用します。フォームでは記事のタイトルと本文を入力するので、fieldsはtitleとcontentになります。

記事の新規作成ページを追加するので、ビューを編集しましょう **02** 。

02 first_app/views.py

```python
from .models import Article
from django.views import generic
from .forms import ArticleForm

class IndexView(generic.ListView):
    model = Article
    template_name = 'index.html'

    def get_queryset(self):
        return Article.objects.order_by('-created_at')[:5]


class ArticleView(generic.DetailView):
    model = Article
    template_name = 'article.html'


class NewView(generic.CreateView):
    form_class = ArticleForm
    template_name = 'form.html'
    success_url = '/'


index = IndexView.as_view()
article = ArticleView.as_view()
new = NewView.as_view()
```

新たにNewViewを追加して、クラスベース汎用ビューでCreateViewを使用しています。これを使用すると、先ほどのforms.pyで作成したArticleFormクラスを読み込むだけで新規作成フォームの機能が実装できます。さらにform.htmlというテンプレートファイルを指定し、success_urlでは記事を作成したあとにリダイレクトするURLを指定しています。/ と書いていますが、トップページであるhttps://ホスト名/にリダイレクトします。

urls.pyにも新規作成ページのURLを追加しましょう **03** 。https://ホスト名/new/でアクセスできるようにします。

`03` first_app/urls.py

```python
from django.urls import path
from . import views


app = 'first_app'
urlpatterns = [
    path('', views.index, name='index'),
    path('article/<int:pk>/', views.article, name='article'),
    path('article/new/', views.new, name='new'),
    ]
```

ヘッダーに新規作成ページへのリンクを追加しましょう `04` 。

`04` first_app/templates/header.html

```html
<header>
    <h1><a href="{% url 'index' %}">ニュースサイト</a></h1>
    <a href="{% url 'new' %}">新規作成</a>
</header>
```

first_appディレクトリ内のtemplatesディレクトリにform.htmlを `05` の内容で作成しましょう。

`05` first_app/templates/form.html

```html
{% extends 'base.html' %}
{% block content %}
<h2>新規記事</h2>
<form method="POST">
    {% csrf_token %}
    {{ form.as_p }}
    <button type="submit">投稿</button>
</form>
{% endblock %}
```

　<form method="POST">タグは、フォームを使用するときにお決まりのHTMLです。{% csrf_token %}は後述するセキュリティ対策のために必ず記述しましょう。{{ form.as_p }}では、タイトルと本文のフォームを表示します。

これでhttps://ホスト名/article/new/から記事を投稿できるようになりました。runserverを実行して、新規作成ページを確認して投稿してみましょう **06** 。

06

ニュースサイト

新規作成

新規作成

タイトル: ▭

▭（テキストエリア）

本文:

[投稿]

(c) ニュースサイト

▼ フォームとセキュリティ（参考）

フォームはユーザーが入力した情報を扱うため、セキュリティに配慮をしなければなりません。第三者が悪意のあるコードをフォームから送信することでプログラムの不具合が引き起こされることがあります。また、個人情報が流出したり、アカウントを悪用されたりしてしまう可能性もあります。Djangoはセキュアなフレームワークですが、一般的にどのようなセキュリティ対策があるのか理解しましょう。

ここでは、GETとPOST、クロスサイトスクリプティング（XSS）、クロスサイトリクエストフォージェリ（CSRF）について学びます。

▼ GETとPOSTについて（参考）

先ほどのフォームには<form method="POST">と書きましたが、データはPOSTメソッドで送信されます。POSTをGETに変更してGETメソッドでフォームを作成することも可能です。

POSTとGETの大きな違いはURLに値が表示されるかどうかです。GET

メソッドは、フォームから入力された内容をURLに表示します 07 。

07 GETからフォーム処理を実行したURLの例（参考）

```
https://xxxx.com?email=aaa?password=bbb
```

　URLの値はサイトの管理者や第三者が取得できてしまうので、個人情報や機密性の高い情報を扱う際は必ずPOSTメソッドを使用しましょう。

▼ クロスサイトスクリプティング（参考）

　クロスサイトスクリプティング（XSS）は、フォームを通してJavaScriptのプログラムを送信する攻撃です。意図しないプログラムがサイト上で実行されてしまうので対策が必要です。

　以降の作業は必須ではありませんが、興味のある方は取り組んでみましょう。先ほど作成した新規作成フォームのタイトルに、 08 のJavaScriptのプログラムを入力してみてください。本文は自由に入力してください 09 。

08 記事のタイトル（参考）

```
<script>alert("XSS")</script>
```

09

ニュースサイト

新規作成

新規作成

タイトル: `ipt>alert("XSS")</script>`

本文:

投稿

(c) ニュースサイト

通常、このプログラムがフォームから送信されてしまうと、JavaScriptのアラートがサイト上に勝手に表示されてしまいます。しかし、このニュースサイトはセキュリティ対策がなされているDjangoで開発されているので、攻撃が無効化されています。

ここで、JavaScriptの攻撃をあえて表示するために、一時的にセキュリティ対策を無効化してみます。index.htmlを **10** のように編集しましょう。変更点は、{{ article.title | safe }} です。

10 first_app/templates/index.html（参考）

```
{% extends 'base.html' %}
{% block title %}トップページ{% endblock %}
{% block content %}
<ul>
    {% for article in object_list %}
    <li><a href="{% url 'article' article.pk %}">{{ article.title | safe }}
</a></li>
    {% endfor %}
</ul>
{% endblock %}
```

再度ニュースサイトのトップページをブラウザで表示しましょう **11** 。アラートが表示されていますね。

11

```
...3f5bb.vfs.cloud9.ap-northeast-1.amazonaws.com の内容
XSS

                                    OK
```

アラートが確認できたら、{{ article.title | safe }}は{{ article.title }}へ戻しておきましょう。

▼ クロスサイトリクエストフォージェリ（参考）

クロスサイトリクエストフォージェリ（CSRF）は、ユーザーが悪意のあるサイトをアクセスした際に第三者が事前に仕組んでいたプログラムが発動してサーバに意図しないリクエストが送信されてしまう攻撃です。個人情報が流出したり、不正に物品の購入や送金が行われてしまったりする可能性もあります。

DjangoではCSRFトークンを用いることでCSRFを防ぐことができます。CSRFトークンはアクセスが正しいことを証明するものです。

以前作成したform.htmlにも実装されています **12** 。

12 first_app/templates/form.html（再掲）

```
{% extends 'base.html' %}
{% block content %}
<h2>新規記事</h2>
<form method="POST">
    {% csrf_token %}
    {{ form.as_p }}
    <button type="submit">投稿</button>
</form>
{% endblock %}
```

{% csrf_token %}によってCSRFトークンを発行しています。ブラウザからHTMLを確認すると、トークンが発行されていることがわかります **13** 。ブラウザからソースコードを表示できる方は確認してみましょう。

13 自動生成されるCSRFトークン（参考）

```
<input type='hidden' name='csrfmiddlewaretoken' va
lue='b6Viaq8BPxvLBiywrNPytlUjPigWdv7toeGIS9I0C
CjHrKyFw5Vj5if13Z4fd4dq' />
```

CSRFトークンの値「b6Viaq8BPxvLBiywrNPytlUjPigWdv7toeGIS9I0CCjHrKyFw5Vj5if13Z4fd4dq」がサーバ側で正しいと証明された場合にのみDjangoが正しく機能します。このCSRFトークンは第三者が発行できないため極めて安全性が高いです。

CSRFトークンがないとアクセス禁止になってしまいます。試しにfirst_app/templates/form.htmlから{% csrf_token %}を{#% csrf_token %#}に変更すると、 **14** のようになります。

MEMO

テンプレートで{# コメント #}と表記すると、コメントアウトができるので覚えておきましょう。

14 アクセス禁止の例（参考）

アクセス禁止 (403)

CSRF検証に失敗したため、リクエストは中断されました。

Help

Reason given for failure:
　　CSRF token missing or incorrect.

In general, this can occur when there is a genuine Cross Site Request Forgery, or when Django's CSRF mechanism has not been used correctly. For POST forms, you need to ensure:

- Your browser is accepting cookies.
- The view function passes a request to the template's render method.
- In the template, there is a {% csrf_token %} template tag inside each POST form that targets an internal URL.
- If you are not using CsrfViewMiddleware, then you must use csrf_protect on any views that use the csrf_token template tag, as well as those that accept the POST data.
- The form has a valid CSRF token. After logging in in another browser tab or hitting the back button after a login, you may need to reload the page with the form, because the token is rotated after a login.

You're seeing the help section of this page because you have DEBUG = True in your Django settings file. Change that to False, and only the initial error message will be displayed.

You can customize this page using the CSRF_FAILURE_VIEW setting.

　CSRF対策は、settings.pyのMIDDLEWAREにdjango.middleware.csrf.CsrfViewMiddlewareで設定されています。Djangoでは最初から設定されていますが、一度確認してみましょう **15**。

15 config/settings.py

```
···省略···

MIDDLEWARE = [
    'django.middleware.security.SecurityMiddleware',
    'django.contrib.sessions.middleware.SessionMiddleware',
    'django.middleware.common.CommonMiddleware',
    'django.middleware.csrf.CsrfViewMiddleware',
    'django.contrib.auth.middleware.AuthenticationMiddleware',
    'django.contrib.messages.middleware.MessageMiddleware',
    'django.middleware.clickjacking.XFrameOptionsMiddleware',
]

···省略···
```

ログイン、ログアウトを使ってみよう

03

Djangoの管理画面には、ログイン、ログアウトの機能があります。ログインした人だけが記事を投稿できるようにしましょう。

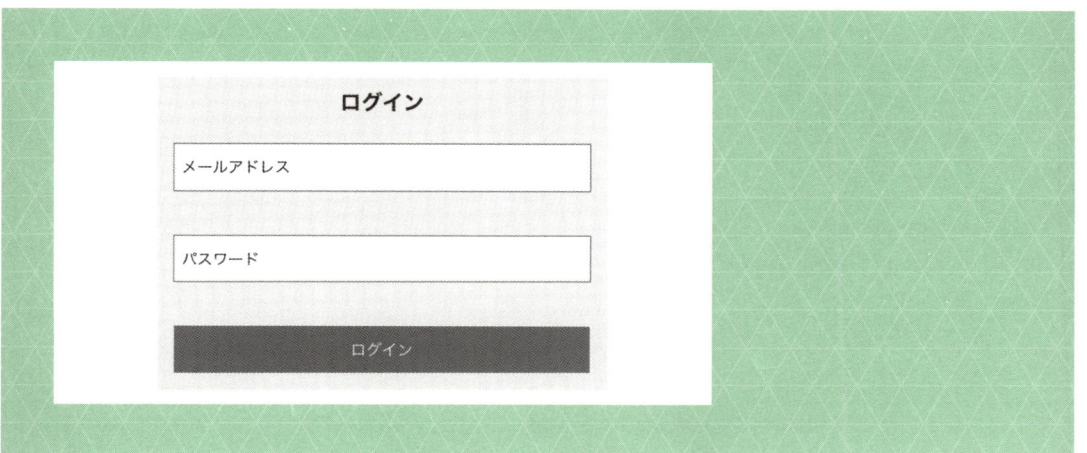

LoginRequiredMixinについて

ログインした人だけが新規作成ページを利用できるように変更しましょう。LoginRequiredMixinを使用します `01` 。

`01` first_app/views.py

```python
from .models import Article
from django.views import generic
from .forms import ArticleForm
from django.contrib.auth.mixins import LoginRequiredMixin

class IndexView(generic.ListView):
    model = Article
    template_name = 'index.html'

    def get_queryset(self):
        return Article.objects.order_by('-created_at')[:5]
```

```
class ArticleView(generic.DetailView):
    model = Article
    template_name = 'article.html'


class NewView(LoginRequiredMixin, generic.CreateView):
    form_class = ArticleForm
    template_name = 'form.html'
    success_url = '/'
    login_url = '/admin/'


index = IndexView.as_view()
article = ArticleView.as_view()
new = NewView.as_view()
```

すでにログインをしている場合は、runserverを実行し、https://ホスト名/ admin/ で管理画面にアクセスし **02** 、画面右上からログアウトしてください **03** 。

02

ようこそ **ADMIN**. サイトを表示 / パスワードの変更 / ログアウト

03

Django 管理サイト

ホーム

ログアウト

ご利用ありがとうございました。

もう一度ログイン

ログアウトした状態でhttps://ホスト名/article/new/で新規作成ページにアクセスしてみましょう。ログイン画面にリダイレクトされてしまいます。管理画面にログインしていない人は、記事が投稿できなくなりました。login_urlでは、ログインしていない人のリダイレクト先を指定しています。ここでは管理画面のログインページへリダイレクトするよう/admin/を指定しています。管理画面でログインをすると記事を投稿できます。

　これでニュースサイトの作成は終わりです。基本的な機能の開発を通してDjangoでのプログラミングの流れや全体像が掴めてきたと思います。
　次は、会員制SNSの開発をしていきましょう。

PART3

DjangoでSNSを作る

PART3では、実践的なWebアプリケーションの開発に挑戦します。SNSを開発しながらDjangoの理解を深めましょう。

CHAPTER

1

SNSを作ってみよう

01　機能を考えよう

02　環境を準備しよう

03　Bootstrapについて

04　HTML/CSSを確認しよう

05　POSIIの画面を作ろう

機能を考えよう

01

ここではSNS「POSII」を作りながらDjangoの理解を深めていきます。より実践的な開発を行います。

お互いをほめ合うSNS「POSII（ポジー）」を作ろう

私が勤務する会社では、社員同士でほめあう文化があります。

「〜さん、バグの修正が速いですね」

など、社内のPOSIIというSNSでお互いのよいところを投稿し、それに対して「いいね」を押してみんなで評価します。

PART3では、これまで学んできたPythonやDjangoを使って、この「POSII」を開発します。Cloud9やDjangoの基本について不安な方はPART2で復習しておきましょう

まずは、必要な機能を整理しましょう。

SNSに必要な機能

SNS「POSII」に必要となる機能は以下の通りです。一般的なSNSにも共通する機能です。

- ・ユーザー登録　　　・ログイン

- ・ログアウト　　　　・パスワード変更
- ・プロフィール編集　・投稿フォーム
- ・投稿削除　　　　　・ほめる

　次に、データベースに保存をする項目を確認してみましょう。以下のようなデータが必要になりますね。

- ●ユーザー情報
  - ・ID　　　　　　　　・メールアドレス
  - ・パスワード　　　　・名前
  - ・プロフィール文　　・写真

- ●投稿
  - ・ID　　　　　　　　・ユーザー名
  - ・本文　　　　　　　・日時

- ●ほめる
  - ・ユーザーID　　　　・投稿ID

PART3で学べること

　SNSを開発することで、より実践的にMTVの学習を進めることができます。django-allauthによる会員機能が実装できるようになります。また、Ajaxを使った「いいね」機能では、画面遷移をせず、画面を更新することができるようになります。

　それでは、早速学習をはじめましょう。

環境を準備しよう

02

Djangoのアプリケーションには、PythonやDjangoなどのライブラリ、SQLite3の設定が必要になります。まずはこのセクションで、環境の準備をしていきましょう。

```
1   # pyenvの設定
2   git clone https://github.com/pyenv/pyenv ~/.pyenv
3   echo 'export PYENV_ROOT="$HOME/.pyenv"' >> ~/.bash_profile
4   echo 'export PATH="$PYENV_ROOT/bin:$PATH"' >> ~/.bash_profile
5   echo 'eval "$(pyenv init -)"' >> ~/.bash_profile
6   source ~/.bash_profile
7   pyenv install 3.7.9
8   git clone https://github.com/pyenv/pyenv-virtualenv.git ~/.pyenv/plugins/pyenv-virtualenv
9   echo 'eval "$(pyenv virtualenv-init -)"' >> ~/.bash_profile
10  source ~/.bash_profile
11  pyenv virtualenv 3.7.9 part3
12  pyenv global part3
13
14  # pip install
15  pip install -r requirements.txt
16
17  # SQLite3のアップデート
18  cd ~/
19  wget https://www.sqlite.org/2020/sqlite-autoconf-3330000.tar.gz
20  tar zxvf sqlite-autoconf-3330000.tar.gz
21  cd ~/sqlite-autoconf-3330000
```

▼ PART3の環境を用意しよう

PART2の環境は使用せず、新たにPART3の環境を作成します。

Cloud9のページが開きます。画面右側にある［Create environment］ボタンをクリックしましょう `01` 。

`01`

次に、Nameに任意の名前を入力して［Next step］ボタンをクリックします。ここでは「PART3」と入力します `02` 。

02

Name environment

Environment name and description

Name
The name needs to be unique per user. You can update it at any time in your environment settings.

PART3

Limit: 60 characters

Description - *Optional*
This will appear on your environment's card in your dashboard. You can update it at any time in your environment settings.

Write a short description for your environment

Limit: 200 characters

Cancel   **Next step**

　Configure settingsでは、インスタンスタイプの無料枠で利用可能な
t2.microが設定されていることを確認しておきましょう **03** 。

03

Configure settings

Environment settings

Environment type Info
Run your environment in a new EC2 instance or an existing server. With EC2 instances, you can connect directly through Secure Shell (SSH) or connect via AWS Systems Manager (without opening inbound ports).

● **Create a new EC2 instance for environment (direct access)**
　Launch a new instance in this region that your environment can access directly via SSH.

○ **Create a new no-ingress EC2 instance for environment (access via Systems Manager)**
　Launch a new instance in this region that your environment can access through Systems Manager.

○ **Create and run in remote server (SSH connection)**
　Configure the secure connection to the remote server for your environment.

Instance type

● **t2.micro (1 GiB RAM + 1 vCPU)**
　Free-tier eligible. Ideal for educational users and exploration.

○ **t3.small (2 GiB RAM + 2 vCPU)**
　Recommended for small-sized web projects.

○ **m5.large (8 GiB RAM + 2 vCPU)**
　Recommended for production and general-purpose development.

○ **Other instance type**
　Select an instance type.

　t3.nano   ▼

Platform
● **Amazon Linux 2 (recommended)**
○ Amazon Linux
○ Ubuntu Server 18.04 LTS

　次のページ **04** で［Create environment］ボタンを押して、環境設定
は完了します。

04

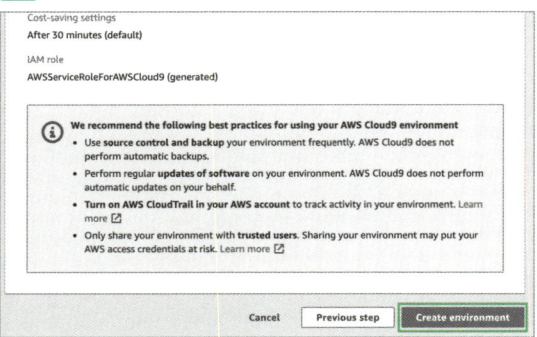

05 の画面が表示された場合は、Acceptを押しましょう。

05

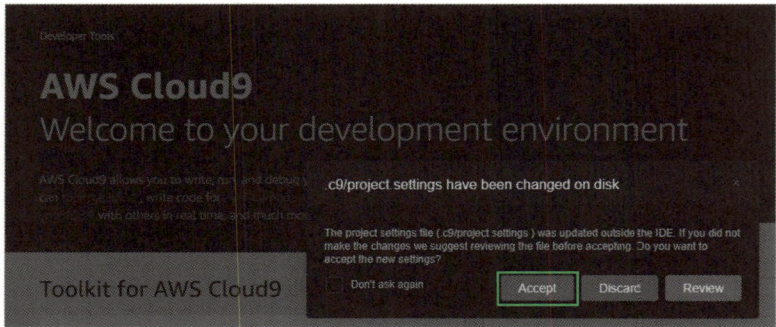

▼ シェルスクリプトで簡単環境構築

　シェルスクリプトは、ターミナルに入力する一連のコマンドをファイルに記述したもので、これを用いるとターミナルで行うコマンド入力を一度にまとめて実行することができます。今回はPART1で学んだpipで複数のライブラリをインストールしますが、これらはPythonやDjango、SQLite3のバージョンを統一しないと動かない上に、インストール時に複雑なコマンド入力が必要です。そこで、本書ではあらかじめ用意したシェルスクリプトを使用して環境の準備をします。

　まず、Cloud9のenvironmentの直下にダウンロードしたinit.shとrequirements.txtをアップロードしましょう **06** 。requirements.txtを用いることで、バージョンを指定してライブラリをインストールすることができます。

06

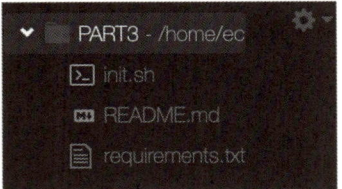

　ターミナルに **07** のコマンドを入力してください。このコマンドで、今回使用するシェルスクリプトを実行することができます。すべての処理が完了するまで10分程度かかりますが、完了するまでターミナルには何も入力せず待ちましょう **08** 。

MEMO
Cloud9を使用せずローカル環境で開発をしている場合は、init.sh内に書かれているcd ~/environmentの箇所をご自身のディレクトリに変更してください。

07 ターミナル

```
$ sh init.sh
```

MEMO
init.shのスクリプトを入力する必要はありません。

08 init.sh (参考)

```
# pyenvの設定
git clone https://github.com/pyenv/pyenv ~/.pyenv
echo 'export PYENV_ROOT="$HOME/.pyenv"' >> ~/.bash_profile
echo 'export PATH="$PYENV_ROOT/bin:$PATH"' >> ~/.bash_profile
echo 'eval "$(pyenv init -)"' >> ~/.bash_profile
source ~/.bash_profile
pyenv install 3.7.9
git clone https://github.com/pyenv/pyenv-virtualenv.git ~/.pyenv/plugins/
pyenv-virtualenv
echo 'eval "$(pyenv virtualenv-init -)"' >> ~/.bash_profile
source ~/.bash_profile
pyenv virtualenv 3.7.9 part3
pyenv global part3




# pip install
pip install -r requirements.txt
```

```
# SQLite3のアップデート
cd ~/
wget https://www.sqlite.org/2020/sqlite-autoconf-3330000.tar.gz
tar zxvf sqlite-autoconf-3330000.tar.gz
cd ~/sqlite-autoconf-3330000
./configure
make
sudo make install
sudo mv /usr/bin/sqlite3 /usr/bin/sqlite3_old
sudo ln -s /usr/local/bin/sqlite3 /usr/bin/sqlite3
echo 'export LD_LIBRARY_PATH="/usr/local/lib"' >> ~/.bash_profile
source ~/.bash_profile
cd ~/environment
exec $SHELL -l
```

▼ インストールが必要なライブラリについて

　先ほど実行したシェルスクリプトには、pipでのライブラリのインストールも含まれています。今回はシェルスクリプトの中で **09** のコマンドを実行しています。PART1でも学習しましたが、このコマンドによってrequirements.txtに記載されたライブラリをインストールします。

09 ターミナル（参考）

```
$ pip install -r requirements.txt
```

　requirements.txtを確認してみましょう。インストールするパッケージの一覧です **10** 。

10 requirements.txt（参考）

```
beautifulsoup4==4.9.3
certifi==2020.12.5
cffi==1.14.4
chardet==4.0.0
cryptography==3.3.1
defusedxml==0.6.0
Django==2.2.17
django-allauth==0.44.0
django-appconf==1.0.4
```

```
django-bootstrap4==2.3.1
django-imagekit==4.0.2
idna==2.10
importlib-metadata==2.1.1
oauthlib==3.1.0
pilkit==2.0
Pillow==8.1.0
pycparser==2.20
PyJWT==2.0.1
python3-openid==3.2.0
pytz==2020.5
requests==2.25.1
requests-oauthlib==1.3.0
six==1.15.0
soupsieve==2.1
sqlparse==0.4.1
urllib3==1.26.2
zipp==3.4.0
```

　Django自体やログイン機能等を実装するために必要なdjango-allauth、Bootstrapを使用するために必要なdjango-bootstrap4などをインストールしています。今回はシェルスクリプトによってまとめてインストールしていますが、これらを1つずつインストールする場合は、**11** のようにコマンドを入力します。ターミナルからpipを用いてDjangoをインストールする例です。

11 ターミナル（参考）

```
$ pip install django==2.2.17
```

▼ pyenv-virtualenvについて（参考）

　先ほどシェルスクリプトで行った処理を確認してみましょう。Cloud9では、最初からPythonやパッケージがインストールされています。しかし、それらのバージョンが異なると、正しいコードを書いていてもプログラムが動かないことがあります。Djangoやそのライブラリも最初からインストールされていますが、今回使用するバージョンとは異なります。

　そこで、pyenv-virtualenvを使用します。先ほどのシェルスクリプトによって、pyenv-virtualenvも実行されています。pyenv-virtualenv使用すると、Cloud9が用意したPythonではなく新たにPythonやライブラリをインストールすることができるようになります。

シェルスクリプトを使用しない場合は、**12** のようにバージョンを指定した Pythonをインストールすることができます。

12 ターミナル（参考）

```
$ git clone https://github.com/pyenv/pyenv ~/.pyenv
$ echo 'export PYENV_ROOT="$HOME/.pyenv"' >> ~/.bash_profile
$ echo 'export PATH="$PYENV_ROOT/bin:$PATH"' >> ~/.bash_profile
$ echo 'eval "$(pyenv init -)"' >> ~/.bash_profile
$ source ~/.bash_profile
$ pyenv install 3.7.9
$ python --version
```

13 実行結果

```
Python 3.7.9
```

同じくシェルスクリプトを使用しない場合、**14** のようにpyenv-virtualenvをインストールします。仮想環境に名前を付けて作成することができます。「part3」という環境にPython3.7.9インストールしています。

14 ターミナル（参考）

```
$ git clone https://github.com/pyenv/pyenv-virtualenv.git ~/.pyenv/plugins/
pyenv-virtualenv
$ echo 'eval "$(pyenv virtualenv-init -)"' >> ~/.bash_profile
$ source ~/.bash_profile
$ pyenv virtualenv 3.7.9 part3
$ pyenv global part3
```

シェルスクリプトの実行が完了すると、仮想環境が起動します。Cloud9の ターミナルを確認しましょう **15**。仮想環境名（part3）が表示されていますね。

15 ターミナル

```
(part3) ec2-user:~/environment $
```

仮想環境がアクティブではない場合は、**16** のコマンドで起動することができます。

16 ターミナル

```
$ pyenv global part3
```

▼ SQLite3の設定（参考）

今回はSQLite3をシェルスクリプトでインストールしました。SQLite3のバージョンがDjangoと合わない場合や、正しく動かない場合があります。 **17** の例ではfound3.7.17と表示されています。本書の設定通りに進めれば表示されることはありませんが、バージョンが対応していない状態を表します。

17 ターミナル（参考）

```
django.core.exceptions.ImproperlyConfigured: SQLite
3.8.3 or later is required (found 3.7.17).
```

その際はSQLite3のアップデートを行います。 **18** のコマンドを1行ずつ入力することで、SQLite3のバージョンを変更することができます。

18 ターミナル（参考）

```
$ cd ~/
$ wget https://www.sqlite.org/2020/sqlite-autoconf-3330000.tar.gz
$ tar zxvf sqlite-autoconf-3330000.tar.gz
$ cd ~/sqlite-autoconf-3330000
$ ./configure
$ make
$ sudo make install
$ sudo mv /usr/bin/sqlite3 /usr/bin/sqlite3_old
$ sudo ln -s /usr/local/bin/sqlite3 /usr/bin/sqlite3
$ echo 'export LD_LIBRARY_PATH="/usr/local/lib"' >> ~/.bash_profile
$ source ~/.bash_profile
$ cd ~/environment
$ exec $SHELL -l
```

シェルスクリプトの実行によってSQLiteの設定も行われています。もし、シェルスクリプト実行後にSQLiteに問題が発生した場合、パスの設定を行うことで問題が解決する可能性があります。パスの設定は **19** のコマンドで行います。

MEMO
source ~/.bash_profile
はパスを通すために必要になります。パスを通すことで、プログラム名だけで実行できるようになります。

19 ターミナル（参考）

```
$ echo 'export LD_LIBRARY_PATH="/usr/local/lib"' >> ~/.bash_profile
$ source ~/.bash_profile
```

これでPythonやDjangoなどのライブラリ、SQLite3の設定ができました。

Bootstrapについて

03

このSectionでは、Bootstrapについて説明します。

 ## Bootstrapでのフロントエンド実装

　実際にコードを書いていきましょう。まずは、テンプレートとして利用する HTML/CSS/JavaScriptを完成させましょう。

　PART2でも簡単なHTMLを記述しましたが、本格的なアプリケーションの開発には、記述したHTMLのコンテンツの位置や大きさ、色などを指定するCSSや、ブラウザで動作するプログラミング言語JavaScriptの理解が必要です。CSSやJavaScriptの詳しい説明はしませんので、本書で用意したHTMLとCSSのファイルをそのまま使用することを推奨しています。

　POSIIではBootstrapを利用します。BootstrapはHTML、CSS、JavaScriptの知識がそれほどなくても見栄えのよいテンプレートを作成してくれるフロントエンドWebアプリケーションフレームワークです。

　Bootstrapではあらかじめ用意されたサンプルコードが公式サイトに公開されており、無料で利用することができます。

　「スターターテンプレート」をカスタマイズして使用することで、効率的にフロントエンド実装を進めましょう。

MEMO
Bootstrapサンプル
https://getbootstrap.jp/

MEMO
よりクオリティの高い有料のテンプレートも販売されています。
https://themes.get bootstrap.com/

Bootstrapテンプレートのダウンロード（参考）

　Bootstrapの公式サイトからのテンプレートをダウンロードする方法を紹介します。本書ではすでに完成済みのHTML（index.html）とCSS（style.css）ファイルを用意しているため、この作業は必須ではありません。コーディングに自信のない方はSection03、Section04を読み飛ばしてください。

　スターターテンプレートは、 `01` のURLのページからダウンロードすることができます `02` 。

`01`

```
https://getbootstrap.jp/docs/4.5/examples/
```

`02` スターターテンプレートのダウンロード

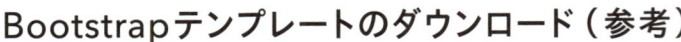

　ダウンロードしたファイルを解凍して確認すると、site/docs/4.3/examples/starter-template内に、index.htmlとstarter-template.cssがあります。本書のindex.htmlとstyle.cssはこれらのファイルをもとに作成しています。

HTML/CSSを確認しよう

04

Bootstrapを使用したHTML/CSSを確認してみましょう。

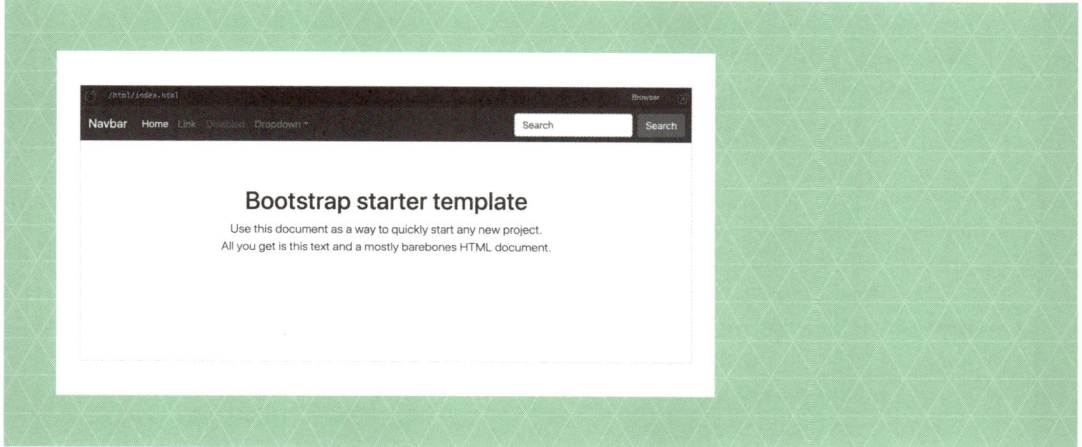

スターターテンプレートを表示しよう

Cloud9でhtmlディレクトリを作成して、本書の用意したファイルをアップロードしてみましょう **02** **03** 。このhtmlディレクトリは、HTMLとCSSの内容や構成を確認するためのもので、CHAPTER1の終了後に削除するとよいでしょう。

> **MEMO**
> 画面上のPART3というディレクトリは、Cloud9で設定した環境名になります。新たに作成する必要はありません。

01

02 html/index.html（参考）

```
<!doctype html>
<html lang="ja">

<head>
```

```
<!doctype html>
<html lang="ja">

<head>
    <meta charset="utf-8">
    <link rel="stylesheet" href="https://stackpath.bootstrapcdn.com/
bootstrap/4.3.1/css/bootstrap.min.css">
    <link rel="stylesheet" href="style.css">
    <title>POSII</title>
</head>

<body>
    <nav class="navbar navbar-expand-md navbar-dark bg-dark fixed-top">
        <a class="navbar-brand" href="#">Navbar</a>
        <button class="navbar-toggler" type="button" data-toggle="collapse"
data-target="#navbarsExampleDefault" aria-controls="navbarsExampleDefault"
aria-expanded="false" aria-label="Toggle navigation">
            <span class="navbar-toggler-icon"></span>
        </button>
        <div class="collapse navbar-collapse" id="navbarsExampleDefault">
            <ul class="navbar-nav mr-auto">
                <li class="nav-item active">
                    <a class="nav-link" href="#">Home <span class="sr-only">
(current)</span></a>
                </li>
                <li class="nav-item">
                    <a class="nav-link" href="#">Link</a>
                </li>
                <li class="nav-item">
                    <a class="nav-link disabled" href="#" tabindex="-1"
aria-disabled="true">Disabled</a>
                </li>
                <li class="nav-item dropdown">
                    <a class="nav-link dropdown-toggle" href="#" id="dropdown01"
data-toggle="dropdown" aria-haspopup="true" aria-expanded="false">Dropdown</a>
                    <div class="dropdown-menu" aria-labelledby="dropdown01">
                        <a class="dropdown-item" href="#">Action</a>
                        <a class="dropdown-item" href="#">Another action</a>
                        <a class="dropdown-item" href="#">Something else here
</a>
                    </div>
                </li>
```

```
                    </ul>
            <form class="form-inline my-2 my-lg-0">
                    <input class="form-control mr-sm-2" type="text" placeholder=
"Search" aria-label="Search">
                    <button class="btn btn-secondary my-2 my-sm-0" type="submit">
Search</button>
            </form>
        </div>
    </nav>
    <main role="main" class="container">
        <div class="starter-template">
            <h1>Bootstrap starter template</h1>
            <p class="lead">Use this document as a way to quickly start any
new project.<br> All you get is this text and a mostly barebones HTML
document.</p>
        </div>
    </main><!-- /.container -->
    <script src="https://code.jquery.com/jquery-3.5.1.min.js" integrity=
"sha256-9/aliU8dGd2tb6OSsuzixeV4y/faTqgFtohetphbbj0=" crossorigin="anony
mous"></script>
    <script src="https://stackpath.bootstrapcdn.com/bootstrap/4.3.1/js/
bootstrap.bundle.min.js"></script>
</body>
</html>
```

03 html/style.css（参考）

```
body {
    padding-top: 5rem;
}
.starter-template {
    padding: 3rem 1.5rem;
    text-align: center;
}
```

　index.htmlとstyle.cssが作成できたら、Cloud9上でindex.htmlを右クリックして［Preview］ボタンをクリックしてください。ブラウザ上でサイトを確認してみましょう。Bootstrapのスターターテンプレートが適用されていることがわかります **04** 。

04

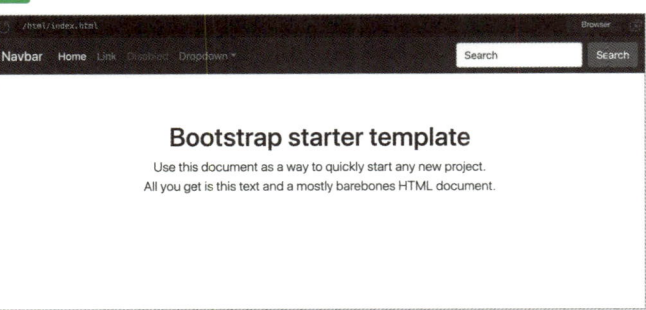

HTMLとCSSの重要な箇所を説明します。

　まず、index.html内でCSSファイルの読み込みを指定している箇所を見てみましょう **05** 。<link>タグのhrefでファイルの場所やファイル名を指定しています。最初にbootstrapのcssを読み込んでいますね。このCSSファイルはCDN（コンテンツデリバリーネットワーク）で公開されているファイルを読み込んでいます。また、2つ目のCSSは同じディレクトリ内のstyle.cssを読み込んでいます。

05 html/index.html

```
<link rel="stylesheet" href="https://stackpath.bootstrap
cdn.com/bootstrap/4.3.1/css/bootstrap.min.css">
<link rel="stylesheet" href="style.css">
```

　次に、<body>タグの中を見ていきましょう **06** 。<nav>タグと<main>タグがありますね。navはnavigationの略で、<nav>タグ内にはサイトのナビゲーション（メニュー）のコードが入ります。POSIIでは<nav>タグ内にログイン、ログアウト、プロフィールページへのリンクを掲載します。ナビゲーションやメニューのことをヘッダーと呼ぶこともあり、HTMLでは<header>タグを使用して実装することもあります。そして<main>タグ内には、サイトのメインとなるコンテンツが入ります。POSIIでは記事の投稿フォームやほめるボタンなどがここに入ります。

MEMO
HTMLでは<!-- コメント -->でコメントを記述できます。

06 html/index.html

```
<body>
<nav>
    <!--メニュー -->
</nav>
```

```
<main>
    <!--コンテンツ-->
</main>
</body>
```

最後に、JavaScriptの読み込みを確認しましょう **07** 。

07 html/index.html

```
    <script src="https://code.jquery.com/jquery-3.5.1.min.js" integrity="sha
256-9/aliU8dGd2tb6OSsuzixeV4y/faTqgFtohetphbbj0=" crossorigin="anonymous">
</script>
    <script src="https://stackpath.bootstrapcdn.com/bootstrap/4.3.1/js/boot
strap.bundle.min.js"></script>
```

　CSSと同様に、CDNでファイルを読み込んでいます。今回読み込んでいるjQueryはJavaScriptを簡単に記述できるようにするライブラリです。BootstrapにはjQueryが必要なので覚えておきましょう。

覚えておきたいCSSのポイント

　CSSはHTMLをどのように表示するか指定する言語で、サイトの見た目に大きく影響します。HTMLとCSSを見てみましょう **08** **09** 。<p>タグ内の文章を中央寄せで表示するように、CSSで指定しています。CSSではクラス名の前に「.」（ドット）を付けることで、クラスを指定することができます。

MEMO
jQuery
https://jquery.com/

08 HTMLの例（参考）

```
<p class="center-text">文章</p>
```

09 CSSの例（参考）

```
.center-text {
    text-align: center;
}
```

POSIIの画面を作ろう

05

HTML/CSSファイルや画像ファイルをアップロードして、SNSに必要な要素を追加しましょう。

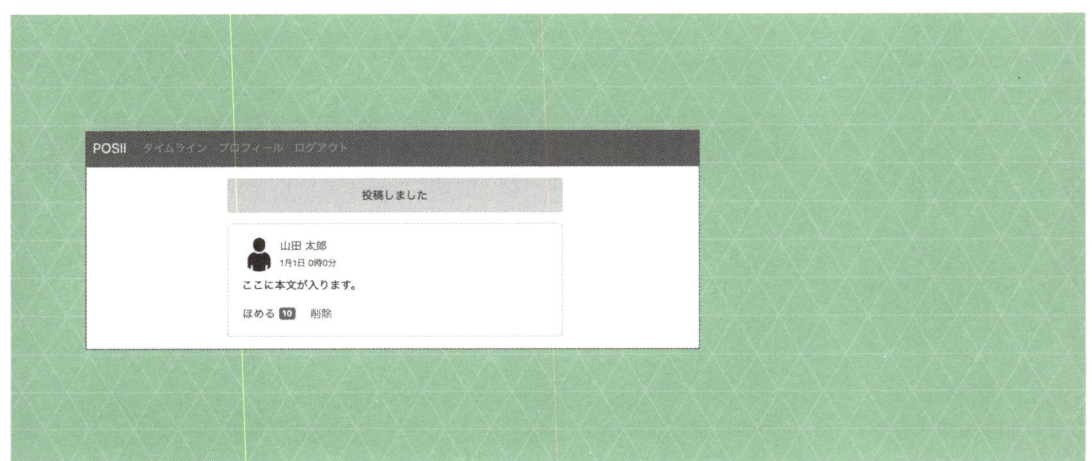

POSIIの画面を表示しよう

Cloud9のhtmlディレクトリの直下に、index.html、style.css、そしてno_photo.pngを加えましょう 。index.htmlとstyle.cssは先ほどアップしたファイルではなく、該当するフォルダに入っているファイルをアップしてください 02 03 。ファイルはドラッグ＆ドロップでアップロードできます。

MEMO
Section 04を読み飛ばした人は、htmlディレクトリを作成してください。

01

```
<!doctype html>
<html lang="ja">

<head>
    <meta charset="utf-8">
    <link rel="stylesheet" href="https://stackpath.bootstrapcdn.com/bootstrap
/4.5.0/css/bootstrap.min.css">
    <link rel="stylesheet" href="style.css">
    <title>POSII</title>
</head>

<body>
    <nav class="navbar navbar-expand-md navbar-dark bg-info fixed-top">
        <a class="navbar-brand" href="#">POSII</a>
        <button class="navbar-toggler" type="button" data-toggle="collapse"
data-target="#navbarsExampleDefault" aria-controls="n
vbarsExampleDefault" aria-expanded="false" aria-label="Toggle navigation">
            <span class="navbar-toggler-icon"></span>
        </button>
        <div class="collapse navbar-collapse" id="navbarsExampleDefault">
            <ul class="navbar-nav mr-auto">
                <li class="nav-item">
                    <a class="nav-link" href="#">タイムライン</a>
                </li>
                <li class="nav-item">
                    <a class="nav-link" href="#">プロフィール</a>
                </li>
                <li class="nav-item">
                    <a class="nav-link" href="#">ログアウト</a>
                </li>
            </ul>
        </div>
    </nav>
    <main role="main" class="container">
        <div class="starter-template">
            <div class="w-100">
                <ul class="messages">
                    <li class="alert alert-success">
                        投稿しました
                    </li>
                </ul>
```

CHAPTER 1

SNSを作ってみよう

```html
                </div>
            <div class="card mb-5 text-left">
                <div class="card-body">
                    <div class="row">
                        <div class="col-1"><a href="#"><img src="no_photo.png" class="rounded-circle post-photo"></a></div>
                        <div class="col-10 ml-3">
                            <a href="#" class="text-secondary">山田 太郎</a>
<br>
                            <small class="text-muted">1月1日 0時0分</small>
                        </div>
                    </div>

                    <p class="card-text mt-2">ここに本文が入ります。</p>
                    <button class="btn btn-link p-0 disabled post-liked text-secondary" id="" data-id="">ほめる</button>
                    <span class="badge badge-info" id="">10</span>
                    <form method="post" action="#" class="d-inline">
                        <button class="btn btn-link text-info p-0 ml-3" type="submit" onclick='return confirm("この投稿を本当に削除しますか?");'>削除</button>
                    </form>
                </div>
            </div>
        </div>
    </main>
    <!-- /.container -->

    <p class="mt-5 mb-3 text-muted text-center ">&copy; 2021 POSII</p>
    <script src="https://code.jquery.com/jquery-3.5.1.min.js" integrity="sha256-9/aliU8dGd2tb60SsuzixeV4y/faTqgFtohetphbbj0=" crossorigin="anonymous"></script>
    <script src="https://stackpath.bootstrapcdn.com/bootstrap/4.5.0/js/bootstrap.bundle.min.js"></script>
</body>

</html>
```

03 html/style.css（参考）

```css
body {
    padding-top: 5rem;
}

.starter-template {
    padding: 3rem 1.5rem;
    text-align: center;
    max-width: 536px;
    margin: auto;
}

.messages {
    list-style: none;
    padding: 0;
}

.post-photo {
    width: 50px;
    height: 50px;
}
```

　index.htmlを右クリックして［Preview］ボタンをクリックし、**04** の画面が表示されることを確認しましょう。

04

| POSII　タイムライン　プロフィール　ログアウト |

| 投稿しました |

| 山田 太郎 |
| 1月1日 0時0分 |
| ここに本文が入ります。 |
| ほめる **10**　削除 |

　Bootstrapであらかじめ用意されているコードによって、サイトはブラウザやデバイスの幅に合わせて表示されています。
　メニューの色もHTMLで変更しています。色の変更はCSSで行うことが一般的ですが、Bootstrapの場合はクラスによって色を変更することが可能です。このファイルでは、bg-darkをbg-infoに変更をしています。

MEMO
Colors
https://getbootstrap.
jp/docs/4.5/utilities/
colors/

05 html/index.html（参考）

```
・・・省略・・・

<nav class="navbar navbar-expand-md navbar-dark bg-info
fixed-top">

・・・省略・・・
```

　アラートも追加されています。先ほど確認した画面に「投稿しました」と表示されていましたが、この箇所にログインや投稿等の処理が成功した際のメッセージを表示します **06** 。現在はHTMLでそのままアラートを記述しているだけですが、処理に応じたメッセージを表示するように、のちほどDjangoにプログラムを書いていきます。

06 html/index.html（参考）

```
・・・省略・・・

<div class="w-100">
    <ul class="messages">
        <li class="alert alert-success">
            投稿しました
        </li>
    </ul>
</div>

・・・省略・・・
```

　次に、カードを確認しましょう。カードはタイムライン上のグレーの枠線で囲われている箇所で、HTMLファイルではcardというクラスが使われています **07** 。

```
・・・省略・・・

<div class="card mb-5 text-left">
    <div class="card-body">
        <div class="row">
            <div class="col-1"><a href="#"><img src="no_photo.png" class=
"rounded-circle post-photo"></a></div>
            <div class="col-10 ml-3">
                <a href="#" class="text-secondary">山田 太郎</a><br>
                <small class="text-muted">1月1日 0時0分</small>
            </div>
        </div>
        <p class="card-text mt-2">ここに本文が入ります。</p>
        <button class="btn btn-link p-0 disabled post-liked text-secondary"
id="" data-id="">ほめる</button>
        <span class="badge badge-info" id="">10</span>
        <form method="post" action="#" class="d-inline">
            <button class="btn btn-link text-info p-0 ml-3" type="submit"
onclick='return confirm("この投稿を本当に削除しますか?");'>削除</button>
        </form>
    </div>
</div>

・・・省略・・・
```

MEMO
htmlディレクトリは
HTML/CSSを学ぶために
作成しましたが、Django
では使用しないので削除
してかまいません。

MEMO
Alerts
https://getbootstrap.jp/
docs/4.5/components/
alerts/

MEMO
Cards
https://getbootstrap.jp/
docs/4.5/components/
card/

テンプレートを作ってみよう

01 テンプレートファイルを作ろう

テンプレートファイルを作ろう

01

まずは、テンプレートを実装しましょう。ダウンロードしたファイルを確認しながら進めてください。

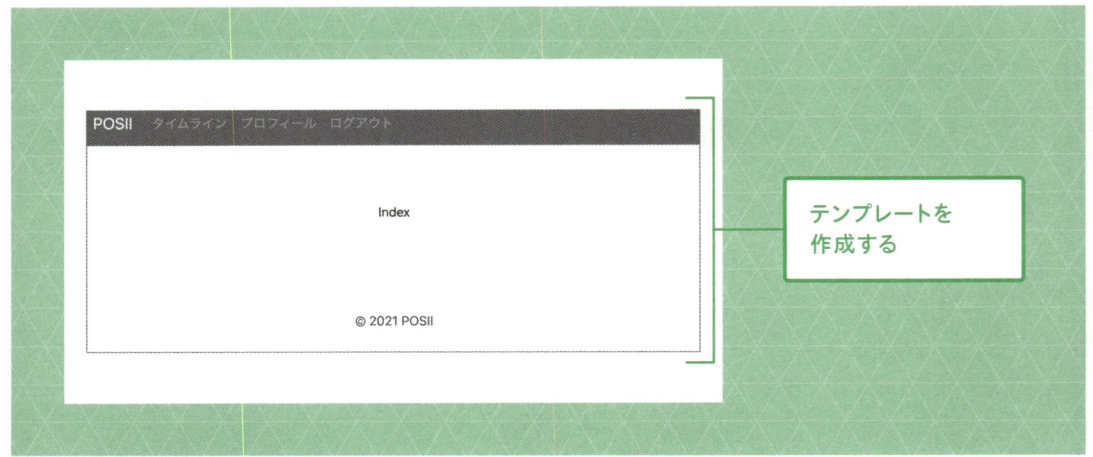

プロジェクトとアプリケーションを作ってみよう

Djangoのプロジェクトとアプリケーションを作成しましょう。

まずは、プロジェクトを作成します。ターミナルにpwdコマンドを入力して現在のディレクトリを確認しましょう 01 。任意のディレクトリでプロジェクトを作成できますが、本書ではenvironmentディレクトリを使用します。

01 ターミナル

```
$ pwd
/home/ec2-user/environment
$ django-admin startproject config .
```

次に、アプリケーションを作成しましょう。今回は、会員機能を担うaccountsとSNSのメイン機能であるtimelineの2つを用意します。ターミナルに 02 のコマンドをそれぞれ入力しましょう。

```
$ python manage.py startapp accounts
$ python manage.py startapp timeline
```

　続いて、manage.pyがある階層に静的ファイルを格納するstaticディレクトリと、アップロードされた画像ファイル等を格納するmediaディレクトリを作成しましょう。該当するディレクトリ上で右クリックしてNew Folderを選択することで新しいディレクトリを作成することができます。この時点でのディレクトリは、 03 のようになります。

03

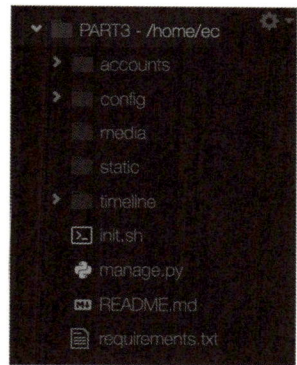

　次に、settings.pyを編集してHOSTSの設定とアプリケーションの追加をしましょう。ただし、マイグレート処理（python manage.py migrate）はあとで行うモデルの作成が終わるまで実行しないよう注意してください。ホスト名はrunserverで確認することができます。runserverは 04 のように入力します。

04　ターミナル

```
$ python manage.py runserver $IP:$PORT
```

05　config/settings.py

```
…省略…

ALLOWED_HOSTS = ['ホスト名']

…省略…
```

MEMO
初心者の方は、コピー＆ペーストで対応するとよいでしょう。ダウンロードしたファイルを使用する際には、ALLOWED_HOSTSの値をご自身の環境に書き換える必要があるため注意してください。

```
INSTALLED_APPS = [
    'django.contrib.admin',
    'django.contrib.auth',
    'django.contrib.contenttypes',
    'django.contrib.sessions',
    'django.contrib.messages',
    'django.contrib.staticfiles',
    'accounts.apps.AccountsConfig',
    'timeline.apps.TimelineConfig',
]

・・・省略・・・

LANGUAGE_CODE = 'ja'

TIME_ZONE = 'Asia/Tokyo'

・・・省略・・・
```

settings.pyの編集ができたら **05** 、HOSTSの設定とアプリケーションの追加も完了です。

style.cssを準備しよう

テンプレートファイルを作成する前に、CSSファイルの準備をします。staticの直下にcssというディレクトリを作成し、ダウンロードしたstyle.cssをアップロードしましょう。style.cssの内容は **06** の通りです。

06 static/css/style.css

```
body {
    padding-top: 5rem;
}

.starter-template {
    padding: 3rem 1.5rem;
    text-align: center;
    max-width: 536px;
    margin: auto;
```

```css
}

.messages {
    list-style: none;
    padding: 0;
}

.post-photo {
    width: 50px;
    height: 50px;
}
```

staticディレクトリの中にimagesディレクトリを作成して、no_photo.png
をアップロードしましょう 07 。

07

staticディレクトリが読み込めるように、 08 のようにsettings.pyを修正し
ましょう。また、プロフィール画像等アップロードしたファイルを保存するmedia
ディレクトリの設定も合わせて行っています。

08 config/settings.py

```python
···省略···


STATIC_URL = '/static/'
STATICFILES_DIRS = (
    os.path.join(BASE_DIR, 'static'),
)


MEDIA_ROOT = os.path.join(BASE_DIR, 'media')
MEDIA_URL = '/media/'
```

ビューを作ってみよう

次にビューを作成しましょう。 `09` のようにviews.pyを編集してください。テンプレートファイルにindex.htmlを指定することで、あとで作成するテンプレートを読み込む設定をしています。

`09` timeline/views.py

```python
from django.views import generic


class IndexView(generic.TemplateView):
    template_name = 'index.html'


index = IndexView.as_view()
```

テンプレートファイルを作ってみよう

timeline直下にtemplatesディレクトリを作成してください。その直下に、`10` の内容でbase.htmlを作成しましょう。今回のようにコードが長い場合、ファイルをそのままアップロードしてもかまいません。

`10` timeline/templates/base.html

```html
{% load static %}
<!doctype html>
<html lang="ja">
<head>
    <meta charset="utf-8">
    <link rel="stylesheet" href="https://stackpath.bootstrapcdn.com/bootstrap/4.3.1/css/bootstrap.min.css">
    <link rel="stylesheet" href="{% static 'css/style.css' %}">
    <title>{% block title %}{% endblock %}</title>
</head>
<body>
    <nav class="navbar navbar-expand-md navbar-dark bg-info fixed-top">
        <a class="navbar-brand" href="#">POSII</a>
        <button class="navbar-toggler" type="button" data-toggle="collapse" data-target="#navbarsExampleDefault" aria-controls="navbarsExampleDefault" aria-expanded="false" aria-label="Toggle navigation">
```

```
                    <span class="navbar-toggler-icon"></span>
            </button>
            <div class="collapse navbar-collapse" id="navbarsExampleDefault">
                <ul class="navbar-nav mr-auto">
                    <li class="nav-item">
                        <a class="nav-link" href="#">タイムライン</a>
                    </li>
                    <li class="nav-item">
                        <a class="nav-link" href="#">プロフィール</a>
                    </li>
                    <li class="nav-item">
                        <a class="nav-link" href="#">ログアウト</a>
                    </li>
                </ul>
            </div>
        </nav>
        <main role="main" class="container">
            <div class="starter-template">
                {% if messages %}
                <div class="w-100">
                    <ul class="messages">
                        {% for message in messages %}
                        <li {% if message.tags %} class="{{ message.tags }}" {% end
if %}>
                            {{ message }}
                        </li>
                        {% endfor %}
                    </ul>
                </div>
                {% endif %}
                {% block contents %}{% endblock %}
            </div>
        </main>
        <!-- /.container -->
        <p class="mt-5 mb-3 text-muted text-center ">&copy; 2021 POSII</p>
        <script src="https://code.jquery.com/jquery-3.5.1.min.js" integrity="sha
256-9/aliU8dGd2tb6OSsuzixeV4y/faTqgFtohetphbbj0=" crossorigin="anonymous">
</script>
        <script src="https://stackpath.bootstrapcdn.com/bootstrap/4.3.1/js/boot
strap.bundle.min.js"></script>
    </body>
</html>
```

テンプレートファイルの内容を確認しよう

先ほど作成したbase.htmlファイルの内容を、詳しく見ていきましょう **11** 。{% load static %}は、staticディレクトリにあるファイルを呼び出しています。今回は{% static 'css/style.css' %}でstatic/css/style.cssに設置したファイルを読み込んでいますが、画像を呼び出す際にも使用します。staticディレクトリを使用するためにsettings.pyやurls.pyの設定が必要です。settings.pyはすでに設定していますが、urls.pyの設定ものちほど行います。

11 timeline/templates/base.html

```
{% load static %}

…省略…

<link rel="stylesheet" href="{% static 'css/style.css' %}">
```

また、何度かblockが出てきます。これは非常に重要で、**12** のコードで<title>タグの中身をテンプレートによって変更することができます。忘れてしまった方はPART2で復習しましょう。

baseテンプレートは、あとで作成するindex.htmlなど他のテンプレートで利用することになります。index.htmlで{% block title %}トップページ | POSII{% endblock %}と入力すると、最終的には、<title>トップページ | POSII</title>とHTMLタグが出力されます。また、{% block contents %} {% endblock %}内にはサイトのメインとなるコンテンツが入ります。

12 timeline/templates/base.html

```
…省略…

<title>{% block title %}{% endblock %}</title>

…省略…

{% block contents %}{% endblock %}
```

次に、アラートを確認しましょう。POSIIでは、サイトにログインしたり、投稿が完了した際に、サイト上部にアラートが表示されます。アラートの表示は、

messagesの中に値があるときに行われます。if文を使用することで、表示・非表示を切り替えることができます。そして、for文でループをさせることによって、複数のメッセージを表示することができます **13**。

13 timeline/templates/base.html

```
・・・省略・・・

{% if messages %}
<div class="w-100">
    <ul class="messages">
        {% for message in messages %}
        <li {% if message.tags %} class="{{ message.tags }}" {% endif %}>
            {{ message }}
        </li>
        {% endfor %}
    </ul>
</div>
{% endif %}

・・・省略・・・
```

これでbase.htmlができました。

　最後に、index.htmlを作成しましょう。簡単なページを作成してプログラムの動作確認をします。

　Djangoに慣れるまでは、まずは小さな機能を開発して動作や表示の確認をこまめに行うことが大切です。

　それでは、templatesディレクトリ内にindex.htmlを作成しましょう **14**。{% extends 'base.html' %}で先ほど作成したbase.htmlを読み込み、titleとcontentsを指定しています。

14 timeline/templates/index.html

```
{% extends 'base.html' %}
{% block title %}トップページ | POSII{% endblock %}
{% block contents %}
<p>Index</p>
{% endblock %}
```

テンプレートを表示するための設定をしよう

　このあと、runserverでテンプレートを表示します。その前に、settings.py
とurls.pyを設定しましょう。まずは **15** のようにsettings.pyを編集しましょ
う。templatesディレクトリの使用とアラートのmessagesに関する設定を行
なっています。

15 config/settings.py

```
・・・省略・・・

import os
from django.contrib.messages import constants as messages

・・・省略・・・

TEMPLATES = [
    {
        'BACKEND': 'django.template.backends.django.DjangoTemplates',
        'DIRS': [os.path.join(BASE_DIR, 'templates')],
        'APP_DIRS': True,
        'OPTIONS': {
            'context_processors': [
                'django.template.context_processors.debug',
                'django.template.context_processors.request',
                'django.contrib.auth.context_processors.auth',
                'django.contrib.messages.context_processors.messages',
            ],
        },
    },
]

・・・省略・・・

MESSAGE_TAGS = {
    messages.ERROR: 'alert alert-danger',
    messages.WARNING: 'alert alert-warning',
    messages.SUCCESS: 'alert alert-success',
    messages.INFO: 'alert alert-info',
}

MESSAGE_STORAGE = 'django.contrib.messages.storage.session.SessionStorage'
```

次に、configとtimelineの2つのurls.pyの設定をします。PART2で学んだようにアプリケーションごとにurls.pyは2つで連動しますので、ファイルの位置や内容を間違わないようにご注意ください 16 。

16 config/urls.py

```
from django.contrib import admin
from django.urls import path, include
from django.contrib.staticfiles.urls import static
from . import settings

urlpatterns = [
    path('admin/', admin.site.urls),
    path('', include('timeline.urls')),
]

urlpatterns += static(settings.MEDIA_URL, document_root=settings.MEDIA_ROOT)
```

続いて、timelineディレクトリ内に 17 の内容でurls.pyを作成しましょう。

17 timeline/urls.py

```
from django.urls import path
from . import views

app_name = 'timeline'

urlpatterns = [
    path('', views.index, name="index"),
]
```

MEMO

mediaディレクトには、ユーザーが投稿の際にアップロードした画像等を保存します。staticディレクトリにも画像やcssが入りますが、ユーザーがアップロードした画像ではなく、あらかじめ用意した画像を保存しています。

テンプレートを表示しよう

runserverを実行して、ブラウザでページを表示してみましょう。 **18** のような画面が表示されることを確認してください。

18 **https://ホスト名/**

モデルと会員機能を作ってみよう

01　モデルを作ってみよう

02　django-allauthで会員機能を作ってみよう

03　プロフィールページを作ってみよう

モデルを作ってみよう

テンプレートとビューファイルの確認ができました。次に、モデルを作成していきます。

```
Applying auth.0009_alter_user_last_name_max_length... OK
Applying auth.0010_alter_group_name_max_length... OK
Applying auth.0011_update_proxy_permissions... OK
Applying accounts.0001_initial... OK
Applying account.0001_initial... OK
Applying account.0002_email_max_length... OK
Applying admin.0001_initial... OK
Applying admin.0002_logentry_remove_auto_add... OK
Applying admin.0003_logentry_add_action_flag_choices... OK
Applying sessions.0001_initial... OK
Applying sites.0001_initial... OK
Applying sites.0002_alter_domain_unique... OK
Applying timeline.0001_initial... OK
```

モデルの概要

まずは、データベースで扱うデータを改めて確認しましょう。POSIIでは、以下のデータを扱います。

- ● ユーザー情報
  - ・ID
  - ・パスワード
  - ・プロフィール文
  - ・メールアドレス
  - ・名前
  - ・写真

- ● ほめ投稿
  - ・ID
  - ・本文
  - ・ユーザー名
  - ・日時

- ● ほめる
  - ・ユーザーID
  - ・投稿ID

まず、ユーザー情報から作成します。

モデルを編集しよう

それでは、モデルを編集しましょう。まずは、accounts/models.pyを **01** のように編集してください。

01 accounts/models.py

```python
from django.db import models
from django.contrib.auth.models import AbstractUser
from imagekit.models import ImageSpecField, Processed
ImageField
from imagekit.processors import ResizeToFill


class CustomUser(AbstractUser):
    description = models.TextField(verbose_name='プロフィー
ル', null=True, blank=True)
    photo = models.ImageField(verbose_name='写真', blank
=True, null=True, upload_to='images/')
    thumbnail = ImageSpecField(source='photo',
                        processors=[ResizeToFill(256, 256)],
                        format='JPEG',
                        options={'quality': 60})



    class Meta:
        verbose_name_plural = 'CustomUser'
```

models.pyの内容を確認していきましょう。

ユーザー情報であるユーザー名、メールアドレス、パスワード等は、事前にDjangoで設定されています。しかし、自己紹介やプロフィール画像などSNSに必要な項目は備わっていません。足りない項目はフィールドの追加をしています。これまではモデルの作成は「class モデル名(models.Model):」を用いていましたが、今回はAbstractUserを継承することで、会員機能に必要な機能は維持しながら必要なフィールドを追加しています。

画像はImageFieldとしてデータベースに保存します。upload_toでは保存先のディレクトリを指定しています。POSIIにアップロードされた画像はmedia/images直下に保存されることになります。また、thumbnailを指定しています。サムネイルとは縮小した画像のことです。ファイルサイズの大きな画像をそのまま保存したり、表示したりするとサイトに負荷がかかるため、軽量化した画像を使用します。

ImageSpecFieldではsourceとしてphotoを使用することを指定しています。また、processors=[ResizeToFill(256, 256)]ではそのサイズを指定しており、プロフィール画像は縦横256pxの正方形にリサイズします。format='JPEG'では、JPEG形式で保存することを指定しています。

options={'quality': 60}は、画質を指定しています。値を大きくすると高画質になりますが、ファイルのサイズが大きくなってしまいます。画像ファイルを確認しながら調節してみてください。

CustomUserを定義したので、settings.pyの設定に追加しなければなりません。 **02** のようにsettings.pyに追記しましょう。

02 config/settings.py

```
・・・省略・・・

AUTH_USER_MODEL = 'accounts.CustomUser'
```

これで、CustomUserモデルの作成が完了しました。次に、タイムラインを表示するためのモデルを作成します。 **03** のようにmodels.pyを編集しましょう。

03 timeline/models.py

```python
from django.db import models
from imagekit.models import ImageSpecField, ProcessedImageField
from imagekit.processors import ResizeToFill, ResizeToFit

class Post(models.Model):
    author = models.ForeignKey('accounts.CustomUser', on_delete=models.
CASCADE)
    text = models.TextField(verbose_name='本文')
    photo = models.ImageField(verbose_name='写真', blank=True, null=True, up
load_to='images/')
    post_photo = ImageSpecField(source='photo',processors=[ResizeToFit(1080,
1080)],format='JPEG',options={'quality':60})
    created_at = models.DateTimeField(auto_now_add=True, blank=True)


    def get_like(self):
        likes = Like.objects.filter(post=self)
        return [like.user for like in likes]
```

```python
class Like(models.Model):
    user = models.ForeignKey('accounts.CustomUser', on_delete=models.CASCADE)
    post = models.ForeignKey('Post', on_delete=models.CASCADE)

    class Meta:
        unique_together = ('user', 'post')
```

タイムラインのmodels.pyファイルの内容を見ていきましょう。

まず、Postモデルを作成するために、modelsをインポートして継承しています。投稿者の情報は先ほど作成したCustomUserを使用します。PART2でも学びましたが、ForeignKeyは外部キーと呼ばれるもので、IDによってテーブルを関連付けしています。Postモデルでもユーザー情報を管理することができますが、他のモデルでも参照されます。IDだけで紐付けを行うことで、CustomUserに変更があってもそのまま反映されます。on_delete=models.CASCADEを設定することで、参照しているCustomUserが削除されたときに同時に削除されます。

タイムラインでは日時を表示するので、created_atでは日時を入力しています。先ほどのCustomUserモデルを作成したときと重複する部分もありますが、画像編集に関するライブラリも用いており、写真は1080×1080ピクセルにリサイズしています。

photoとpost_photoは、CustomUserで説明したようにライブラリをインポートして実装しています。modelsの中には関数を実装することができます。get_likeという関数によって、投稿に対するほめるの情報を取得することができます。「like.user for like in likes」は見慣れないコードかもしれませんが、for文でループをまわして配列を作成しています。これによって、ほめるを押したユーザー情報を取得することができます。

次に、Likeモデルを確認しましょう。今回は、CustomUserモデルとPostモデルを使用するので、独自にフィールドを作成することはありません。重複してほめるが押されないように、unique_together = ('user', 'post')では、ユニークな値になるように指定しています。

では、マイグレート処理を実行しましょう。ターミナルに **04** のコマンドを入力してください。

04 ターミナル

```
$ python manage.py makemigrations
$ python manage.py migrate
```

MEMO

マイグレート処理を行う際に、SQLite3のバージョンに関するメッセージが出てしまうことがあります。SQLite3の設定で学習したことを復習して、対応してみましょう。

django-allauthで
会員機能を作ってみよう

02

会員登録やログイン機能を作成しましょう。django-allauthを使用することで、
シンプルなコードで実装することができます。

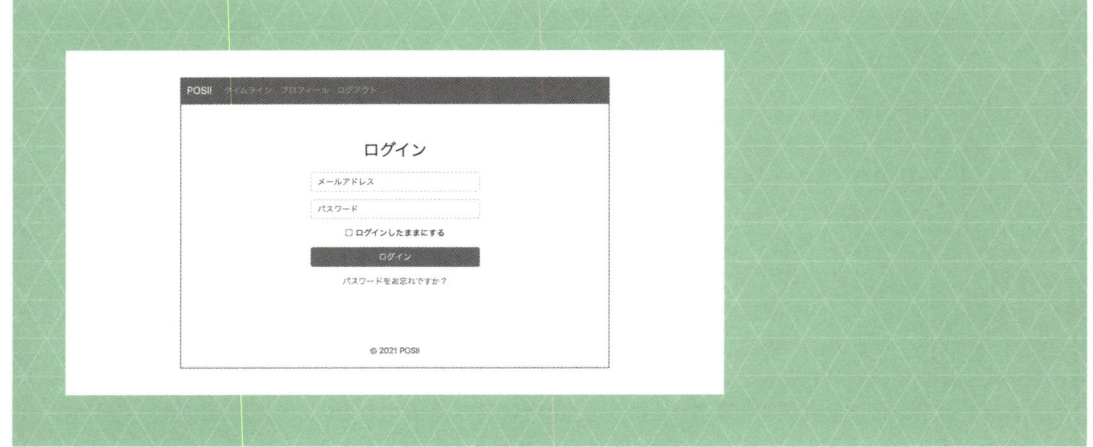

▼ django-allauthを導入しよう

　新規登録、ログイン、ログアウト、パスワードリセットの機能を実装します。よ
くある機能ですが、これらをゼロから実装するのは大変です。そこで今回は
django-allauthを使用します。このライブラリによって、会員制サイトを簡単
に作成することができます。

　本書では、シェルスクリプトでインストール済みですが、django-allauthは
`01` のコマンドでインストールできます。

MEMO

django-allauth
https://django-allauth.
readthedocs.io/

`01` ターミナル（参考）

```
$ pip install django-allauth==0.44.0
```

　django-allauthをDjangoで使用できるよう、settings.pyに `02` のコー
ドを追記しましょう。

　ダウンロードしたファイルからコピー＆ペーストする場合は、#'allauth.
socialaccount',のコメントアウトを外し、ACCOUNT_LOGOUT_ON_
GET ＝ Trueはコメントアウトしてください。

02 config/settings.py

```python
…省略…

INSTALLED_APPS = [
    'django.contrib.admin',
    'django.contrib.auth',
    'django.contrib.contenttypes',
    'django.contrib.sessions',
    'django.contrib.messages',
    'django.contrib.staticfiles',
    'accounts.apps.AccountsConfig',
    'timeline.apps.TimelineConfig',
    'django.contrib.sites',
    'allauth',
    'allauth.account',
    'allauth.socialaccount',
    'bootstrap4',
]

…省略…

SITE_ID = 1
AUTHENTICATION_BACKENDS = (
    'allauth.account.auth_backends.AuthenticationBackend',
    'django.contrib.auth.backends.ModelBackend',
)
ACCOUNT_AUTHENTICATION_METHOD = 'email'
ACCOUNT_EMAIL_VERIFICATION = 'none'
ACCOUNT_USERNAME_REQUIRED = True
ACCOUNT_EMAIL_REQUIRED = True
LOGIN_REDIRECT_URL = 'timeline:index'
ACCOUNT_LOGOUT_REDIRECT_URL = 'account_login'
#ACCOUNT_LOGOUT_ON_GET = True
ACCOUNT_EMAIL_SUBJECT_PREFIX = ''
ACCOUNT_DEFAULT_HTTP_PROTOCOL = 'https'
DEFAULT_FROM_EMAIL = 'admin@example.com'
EMAIL_BACKEND = 'django.core.mail.backends.console.EmailBackend'
```

INSTALLED_APPSに'allauth'、'allauth.account'、'allauth.socialaccount'を追加したことで、django-allauthが使用できるようになりました。テンプレートで使用するdjango-bootstrap4も読み込んでいます。

AUTHENTICATION_BACKENDSは、ユーザー認証のために設定しています。'allauth.account.auth_backends.AuthenticationBackend'はメールアドレスでのユーザー認証です。SITE_ID = 1は、django-allauthの使用に必須な設定です。

Djangoの初期設定では、ユーザー名とパスワードで認証をします。ACCOUNT_AUTHENTICATION_METHOD = 'email'を設定することで、メールアドレスとパスワードでの認証ができるようになります。ACCOUNT_EMAIL_VERIFICATIONは、ユーザー登録時にメールを自動送信してアドレスが正しいか確認をする設定ですが、今回はこの機能は使わないためnoneにしています。ACCOUNT_EMAIL_REQUIRED = Trueでメールアドレスの登録を必須にしています。

また、LOGIN_REDIRECT_URL = 'timeline:index'で、ログイン後にリダイレクトするURLを指定しています。同じく、ACCOUNT_LOGOUT_REDIRECT_URL = 'account_login'はログアウト後のURLを指定しています。ログイン後はタイムラインへ、ログアウト後はログイン画面へリダイレクトします。

#ACCOUNT_LOGOUT_ON_GET = Trueは、コメントアウトしています。メニューにあるログアウトボタンをクリックしてログアウトできるようにするものですが、のちほど設定します。ACCOUNT_EMAIL_SUBJECT_PREFIX = ''は、メールのタイトルの接頭辞を設定しています。

httpsを使用する場合は、ACCOUNT_DEFAULT_HTTP_PROTOCOL = 'https'を指定します。Cloud9はhttpsなので設定する必要があります。

EMAIL_BACKEND = 'django.core.mail.backends.console.EmailBackend'では、コンソールでメールを確認することができます。

ブラウザで会員ページにアクセスできるようにconfig/urls.pyを編集しましょう **03** 。include('allauth.urls')でログイン、ログアウト等の各ページのURLが反映されます。

03 config/urls.py

```python
from django.contrib import admin
from django.urls import path, include
from django.contrib.staticfiles.urls import static
from . import settings

urlpatterns = [
    path('admin/', admin.site.urls),
    path('', include('timeline.urls')),
    path('accounts/', include('allauth.urls')),
]

urlpatterns += static(settings.MEDIA_URL, document_root=settings.MEDIA_
ROOT)
```

ファイルの編集ができたら、マイグレート処理をしましょう **04** 。

04 ターミナル

```
$ python manage.py migrate
```

runserverを実行して、ログインページを確認しましょう **05** 。

05 https://ホスト名/accounts/login/

Menu:

- Sign In
- Sign Up

ログイン

アカウントをまだお持ちでなければ、こちらから ユーザー登録 してください。

メールアドレス: [メールアドレス]
パスワード: [パスワード]
ログインしたままにする: ☐
パスワードをお忘れですか? [ログイン]

MEMO

ログイン中にはログインページにアクセスできないなど、各ページからリダイレクトされることがあります。

　先ほどURLの設定をしているので、https://ホスト名/accounts/login/でログインページ、https://ホスト名/accounts/signup/でユーザー登録ページを表示することができます。ログインページからもアクセスできるので登録してみましょう。

06 https://ホスト名/accounts/signup/

> **Menu:**
>
> - Sign In
> - Sign Up
>
> ## ユーザー登録
>
> すでにアカウントをお持ちであれば、こちらから ログイン してください。
>
> メールアドレス: [メールアドレス]
> ユーザー名: [ユーザー名]
> パスワード: [パスワード]
> パスワード(確認用): [パスワード(確認用)]
>
> [ユーザー登録 »]

　https://ホスト名/accounts/logout/でログアウトページ、https://ホスト名/accounts/password/reset/でパスワード再設定ページを確認できます。パスワード再設定ページは **07** のようになります。

07 https://ホスト名/accounts/password/reset/

> **Menu:**
>
> - Sign In
> - Sign Up
>
> ## パスワード再設定
>
> パスワードをお忘れですか？パスワードをリセットするために、メールアドレスを入力してください。
>
> メールアドレス: [メールアドレス]
> [パスワードをリセット]
>
> パスワードの再設定に問題がある場合はご連絡ください。

　07 のページから登録済みアカウントのメールアドレスを入力して、[パスワードをリセット] ボタンをクリックすると、**08** のページが表示されるようになっています。再設定は行わなくてかまいません。

08 https://ホスト名/accounts/password/reset/done/（参考）

> **Menu:**
>
> - Sign In
> - Sign Up
>
> ## パスワード再設定
>
> パスワード再設定用のメールを送信しました。数分たっても届かない場合はご連絡ください。

　本番環境でパスワード再設定を行うと自動でメールが送信されますが、Cloud9の開発環境では **09** のようにターミナルに表示されます。

09 ターミナル（参考）

```
Hello from example.com!

You're receiving this e-mail because you or someone else
has requested a password for your user account.
It can be safely ignored if you did not request a password
reset. Click the link below to reset your password.

https://ホスト名/accounts/password/reset/key/xxxxxxxxxxxx/

Thank you for using example.com!
example.com
```

　表示されたURLをブラウザに入力すると、**10** のページでパスワードの変更ができます。

10 https://ホスト名/accounts/password/reset/key/1-set-password/（参考）

Menu:

- Sign In
- Sign Up

パスワード変更

新しいパスワード: ［新しいパスワード　　］

新しいパスワード（再入力）: ［新しいパスワード（再入）］

［ パスワード変更 ］

▼ django-allauthにテンプレートを適用しよう

　django-allauthに対応するテンプレートを作成していきましょう。accountsディレクトリ、さらにその下にtemplatesディレクトリを作成してください。その中に **11** の内容でlogin.htmlファイルを作成しましょう。

11 accounts/templates/account/login.html

```
{% extends 'base.html' %}
{% load static %}
{% load bootstrap4 %}
{% block title %}ログイン | POSII{% endblock %}
{% block contents %}
```

```
<div class="form-content">
    <h1 class="mb-4">ログイン</h1>
    <form method="post" action="{% url 'account_login' %}">
        {% csrf_token %}
        {% bootstrap_form form %}
        <button class="btn btn-info btn-block" type="submit">ログイン</button>
        <p class="mt-3"><a href="{% url 'account_reset_password' %}" class=
"text-info">パスワードをお忘れですか?</a></p>
    </form>
</div>
{% endblock %}
```

これまでと同じように{% extends 'base.html' %}、{% load static %}や{% block title %}で基本的なページの設定を行っています。今回はdjango-boostrap4を使用するので、{% load bootstrap4 %}で読み込んでいます。django-bootstrap4を使用することで、自動的に見た目が整ったフォームが出力されます。また、PART2で学んだCSRF対策の{% csrf_token %}も忘れないようにしましょう。

CSSは **12** のように追加しましょう。

12 static/css/style.css

```
···省略···

.form-content {
    max-width: 330px;
    margin:auto;
}

.form-group label {
    display: none;
}

.form-group .form-check label {
    display: inline-block;
}

.form-group {
    word-break: break-all;
}
```

runserverを実行して、ログインしていない状態でログインページにアクセスしてみましょう **13** 。ログアウトが必要な場合は、ログアウトページ（https://**ホスト名**/accounts/logout/）でログアウトをしてください。

MEMO
CSSが反映されない場合は、runserverを一度止めて、再度runserverを実行してください。

13 https://**ホスト名**/accounts/login/

同じように、ユーザー登録ページを作成しましょう。**14** の内容でsignup.htmlを作成してください。

14 accounts/templates/account/signup.html

```
{% extends 'base.html' %}
{% load static %}
{% load bootstrap4 %}
{% block title %}ユーザー登録 | POSII{% endblock %}
{% block contents %}
<div class="form-content">
    <h1 class="mb-4">ユーザー登録</h1>
    <form method="post" action="{% url 'account_signup' %}">
        {% csrf_token %}
        {% bootstrap_form form %}
        <button class="btn btn-info btn-block" type="submit">登録する</button>
        <p class="mt-3"><a href="{% url 'account_reset_password' %}" class="text-info">パスワードをお忘れですか？</a></p>
    </form>
</div>
{% endblock %}
```

ブラウザでアクセスしてみましょう **15** 。ユーザー登録ページができましたね。

15 https://ホスト名/accounts/signup/

次は、パスワード再設定ページを作成していきます。 **16** 〜 **19** の内容で、password_reset.html、password_reset_done.html、password_reset_from_key.html、password_reset_from_key_done.htmlの4つのファイルを作成しましょう。

16 accounts/templates/account/password_reset.html

```
{% extends 'base.html' %}
{% load bootstrap4 %}
{% block title %}パスワード再設定 | POSII{% endblock %}
{% block contents %}
<div class="form-content">
    <h1>パスワード再設定</h1>
    {% if user.is_authenticated %}
    {% include 'account/snippets/already_logged_in.html' %}
    {% endif %}
    <p>メールアドレスを入力してください。</p>
    <form method="post" action="{% url 'account_reset_password' %}">
        {% csrf_token %}
        {% bootstrap_form form %}
        <button class="btn btn-info btn-block" type="submit">送信</button>
    </form>
</div>
{% endblock %}
```

17 accounts/templates/account/password_reset_done.html

```
{% extends 'base.html' %}
{% block title %}パスワード再設定 | POSII{% endblock %}
{% block contents %}
<div class="form-content">
    <h1>パスワード再設定</h1>
    {% if user.is_authenticated %}
    {% include 'account/snippets/already_logged_in.html' %}
    {% endif %}
    <p>パスワード再設定用のメールを送信しました。</p>
</div>
{% endblock %}
```

18 accounts/templates/account/password_reset_from_key.html

```
{% extends 'base.html' %}
{% load bootstrap4 %}
{% block title %}パスワード再設定 | POSII{% endblock %}
{% block contents %}
<div class="form-content">
    <h1>{% if token_fail %}不正トークン{% else %}パスワード再設定{% endif %}</h1>
    {% if token_fail %}
    {% url 'account_reset_password' as passwd_reset_url %}
    <p>このパスワード再設定用リンクは無効になっています。  <a href="{{ passwd_reset_url
}}">パスワード再設定再申請</a></p>
    {% else %}
    {% if form %}
    <form method="POST" action="{{ action_url }}">
        {% csrf_token %}
        {% bootstrap_form form %}
        <button class="btn btn-info btn-block" type="submit">変更</button>
    </form>
    {% else %}
    <p>パスワードは変更されています。</p>
    {% endif %}
    {% endif %}
</div>
{% endblock %}
```

19 accounts/templates/account/password_reset_from_key_done.html

```
{% extends 'base.html' %}
{% block title %}パスワード再設定 | POSII{% endblock %}
{% block contents %}
<div class="form-content">
    <h1>パスワード再設定</h1>
    {% if user.is_authenticated %}
    {% include 'account/snippets/already_logged_in.html' %}
    {% endif %}
    <p>パスワードを変更しました。</p>
</div>
{% endblock %}
```

　さらに、ユーザー登録とパスワード再設定の自動送信メールも作成しましょう。これまでテンプレートを作成したaccounts/templates/account/の直下にemailというディレクトリを作成し、password_reset_key_subject.txt、email_confirmation_message.txtという2つのファイルを **20** **21** の内容で作成してください。拡張子がhtmlではなくtxtなので注意してください。

　password_reset_key_subject.txtにはメールの題名、password_reset_key_message.txtには本文が記載されています。

20 accounts/templates/account/email/password_reset_key_subject.txt

```
パスワード再設定
```

21 accounts/templates/account/email/password_reset_key_message.txt

```
パスワードをリセットします。
以下のリンクをクリックしてください。


{{ password_reset_url }}
```

　htmlのテンプレートのように{{ password_reset_url }}で値を表示することができます。

　ブラウザで確認してみましょう **22** 。パスワード再設定ページができました。

22 https://ホスト名/accounts/password/reset/

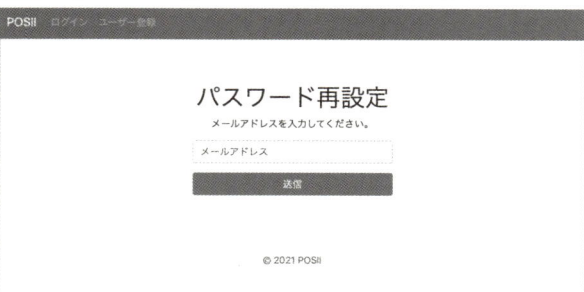

django-allauthには、ソーシャルログインなどが最初から用意されています。便利な機能ですが、本サイトでは使用しないのでアクセスできないように設定する必要があります。もし故意にアクセスされた場合は、タイムラインへリダイレクトするように設定します。**23** のようにurls.pyを編集しましょう。

23 config/urls.py

```python
from django.contrib import admin
from django.urls import path, re_path, include
from django.contrib.staticfiles.urls import static
from . import settings
from django.views.generic import RedirectView


urlpatterns = [
    path('admin/', admin.site.urls),
    path('', include('timeline.urls')),
    path('accounts/email/', RedirectView.as_view(pattern_name='timeline:
index')),
    path('accounts/inactive/', RedirectView.as_view(pattern_name='timeline:
index')),
    path('accounts/password/change/', RedirectView.as_view(pattern_name=
'timeline:index')),
    path('accounts/confirm-email/', RedirectView.as_view(pattern_name='time
line:index')),
    re_path(r'^accounts/confirm-email/[^/]+/', RedirectView.as_view(pattern_
name='timeline:index'), kwargs=None),
    path('accounts/', include('allauth.urls')),
]

urlpatterns += static(settings.MEDIA_URL, document_root=settings.MEDIA_ROOT)
```

django-allauthのテンプレートを使用する場合は'allauth.social account'が必要でしたが、今回は使用しないので削除します。
settings.pyを **24** のように編集しましょう。

24 config/settings.py

```
・・・省略・・・

INSTALLED_APPS = [
    'django.contrib.admin',
    'django.contrib.auth',
    'django.contrib.contenttypes',
    'django.contrib.sessions',
    'django.contrib.messages',
    'django.contrib.staticfiles',
    'bootstrap4',
    'accounts.apps.AccountsConfig',
    'timeline.apps.TimelineConfig',
    'django.contrib.sites',
    'allauth',
    # 'allauth.socialaccount',  ←削除する
    'allauth.account',
]

・・・省略・・・
```

最後に、ヘッダーのメニューを追加しましょう。base.htmlを **25** のように
編集します。あらかじめダウンロードしたbase.htmlをアップロードして上書
きしてもかまいません。

25 timeline/templates/base.html

```
{% load static %}
{% load bootstrap4 %}
<!doctype html>
<html lang="ja">
<head>
    <meta charset="utf-8">
    <link rel="stylesheet" href="https://stackpath.bootstrapcdn.com/bootstrap
/4.3.1/css/bootstrap.min.css">
    <link rel="stylesheet" href="{% static 'css/style.css' %}">
    <title>{% block title %}{% endblock %}</title>
```

```html
</head>

<body>
    <nav class="navbar navbar-expand-md navbar-dark bg-info fixed-top">
        <a class="navbar-brand" href="{% url 'timeline:index' %}">POSII</a>
        <button class="navbar-toggler" type="button" data-toggle="collapse"
data-target="#navbarsExampleDefault" aria-controls="navbarsExampleDefault"
aria-expanded="false" aria-label="Toggle navigation">
            <span class="navbar-toggler-icon"></span>
        </button>
        <div class="collapse navbar-collapse" id="navbarsExampleDefault">
            <ul class="navbar-nav mr-auto">
                {% if user.is_authenticated %}
                <li class="nav-item">
                    <a class="nav-link" href="{% url 'timeline:index' %}">
タイムライン</a>
                </li>
                <li class="nav-item">
                    <a class="nav-link" href="#">プロフィール</a>
                </li>
                <li class="nav-item">
                    <a class="nav-link" href="{% url 'account_logout' %}">
ログアウト</a>
                </li>
                {% else %}
                <li class="nav-item">
                    <a class="nav-link" href="{% url 'account_login' %}">
ログイン</a>
                </li>
                <li class="nav-item">
                    <a class="nav-link" href="{% url 'account_signup' %}">
ユーザー登録</a>
                </li>
                {% endif %}
            </ul>
        </div>
    </nav>
    <main role="main" class="container">
        <div class="starter-template">
            {% if messages %}
            <div class="w-100">
                <ul class="messages">
```

```
                    {% for message in messages %}
                        <li{% if message.tags %} class="{{ message.tags }}"{%
endif %}>
                            {{ message }}
                        </li>
                    {% endfor %}
                </ul>
            </div>
            {% endif %}
            {% block contents %}{% endblock %}
        </div>
    </main>
    <!-- /.container -->
    <p class="mt-5 mb-3 text-muted text-center ">&copy; 2021 POSII</p>
    <script src="https://code.jquery.com/jquery-3.5.1.min.js" integrity="sha256-
9/aliU8dGd2tb6OSsuzixeV4y/faTqgFtohetphbbj0=" crossorigin="anonymous">
</script>
    <script src="https://stackpath.bootstrapcdn.com/bootstrap/4.3.1/js/boot
strap.bundle.min.js"></script>
</body>
</html>
```

{% if user.is_authenticated %}でログイン状態を確認します。ログインしている場合は、メニューにタイムライン、プロフィール、ログアウトが表示されます。ログインしていない場合は、ログインとユーザー登録が表示されます。

メニューのログアウトをクリックしてログアウトができるように、settings.pyの設定をしましょう。settings.pyのACCOUNT_LOGOUT_ON_GETの#を削除して、コメントアウトを外してください **26** 。

26 config/settings.py

```
・・・省略・・・

ACCOUNT_LOGOUT_ON_GET = True

・・・省略・・・
```

以上で、django-allauthの設定は完了です。

プロフィールページを作ってみよう

03

ユーザー登録後にプロフィールを編集できるようにしましょう。

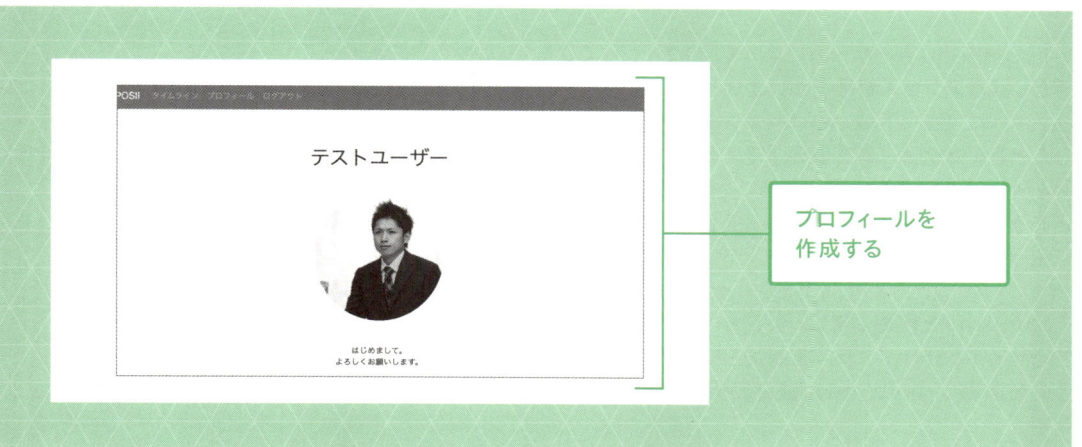

プロフィールを
作成する

プロフィール編集ページを作ろう

　ユーザーが登録したプロフィールを表示するページと、プロフィール編集ページを作成しましょう。まずはaccountsアプリケーション内のviews.pyを `01` のように編集しましょう。

`01` accounts/views.py

```python
from .models import CustomUser
from django.contrib.auth.mixins import LoginRequiredMixin
from django.views import generic
from .forms import ProfileForm
from django.contrib.messages.views import SuccessMessageMixin


class ProfileEdit(LoginRequiredMixin, SuccessMessageMixin, generic.UpdateView):
    model = CustomUser
    form_class = ProfileForm
    template_name = 'account/edit.html'
    success_url = '/accounts/edit/'
    success_message = 'プロフィールを更新しました。'
```

```
    def get_object(self):
        return self.request.user


edit=ProfileEdit.as_view()
```

LoginRequiredMixinによって、ログインしていない状態でアクセスができないようアクセス制限をかけています。クラスを作成するときに先頭で読み込んでください。SuccessMessageMixinで、プロフィールの更新が成功したときにメッセージを表示することができます。クラス内にあるsuccess_messageに文字列を代入することで、処理が成功したときにアラートが表示されます。そして、UpdateViewを使用することで、プロフィールの編集画面に必要な多くの機能をコーディングすることなく実装ができます。

forms.pyを作成しましょう **02**。def __init__では、bootstrapで使用するform-controlクラスを追加しています。class Meta:は使用するフィールドを指定し、help_textsは自動的に挿入されてしまう説明文を削除しています。

02 accounts/forms.py

```
from django import forms
from .models import CustomUser


class ProfileForm(forms.ModelForm):
    def __init__(self, *args, **kwargs):
        super(ProfileForm, self).__init__(*args, **kwargs)
        for field in self.fields.values():
            field.widget.attrs['class'] = 'form-control'


    class Meta:
        model = CustomUser
        fields = ('username','description','photo')
        help_texts = {
            'username': None,
        }
```

最後に、テンプレートファイルを作成しましょう。**03** の内容でedit.htmlを作成しましょう。

03 accounts/templates/account/edit.html

```
{% extends 'base.html' %}
{% load static %}
{% load bootstrap4 %}
{% block title %}プロフィール | POSII{% endblock %}
{% block contents %}
<div class="container">
    <h1 class="mb-4">プロフィール</h1>
        <div class="card">
            <div class="card-body">
                <form method="post" action="/accounts/edit/" enctype="multipart
/form-data">
                    {% csrf_token %}
                    {% bootstrap_form form %}
                    <button class="btn btn-info btn-block" type="submit">保存</
button>
                </form>
            </div>
        </div>
</div>
{% endblock %}
```

　ヘッダーのメニューからプロフィール編集ページに遷移できるよう、base.htmlを編集しましょう **04** 。

04 timeline/templates/base.html

```
・・・省略・・・


            <li class="nav-item">
                <a class="nav-link" href="{% url 'accounts:edit' %}">プロ
フィール</a>
            </li>


・・・省略・・・
```

　続いて、URLの設定を行います。 **05** の内容でaccounts/urls.pyを作成しましょう。

05 accounts/urls.py

```python
from django.urls import path
from . import views

app_name = 'accounts'

urlpatterns = [
    path('edit/', views.edit, name='edit'),
]
```

accountsアプリケーション内のurls.pyを読み込むようにします。config/urls.pyに **06** のように追記しましょう。

06 config/urls.py

```python
・・・省略・・・

urlpatterns = [

・・・省略・・・

    path('accounts/', include('accounts.urls')),
]

・・・省略・・・
```

ログイン後にメニューのプロフィール編集をクリックすると、ページが表示されます。プロフィールを入力して保存してみましょう **07** 。

07 https://**ホスト名**/accounts/edit/

▼ プロフィールページを作ろう

　次に、プロフィールページを作成します。DetailViewを用いることで、編集ページよりも簡単に実装することができます。 `08` のようにviews.pyを編集しましょう。

`08` accounts/views.py

```
···省略···

class ProfileDetail(LoginRequiredMixin, generic.DetailView):
    model = CustomUser
    template_name = 'account/detail.html'

···省略···

detail=ProfileDetail.as_view()
```

　プロフィールページのテンプレートを作成します。 `09` の内容でdetail.htmlを作成しましょう。

`09` accounts/templates/account/detail.html

```
{% extends 'base.html' %}
{% load static %}
{% block title %}{{ customuser.username }} | POSII{% endblock %}
{% block contents %}
<div class="form-content">
    <h1>{{ customuser.username }}</h1>
    <p class="mt-5"><img src="{% if customuser.thumbnail %}{{ customuser.thumbnail.url }}{% else %}{% static 'images/no_photo.png' %}{% endif %}" class="rounded-circle profile-photo"></p>
    <p class="mt-5">{% if customuser.description %}{{ customuser.description | linebreaks }}{% else %}本文はありません。{% endif %}</p>
</div>
{% endblock %}
```

{% block title %}{{ customuser.username }} | POSII{% end block %}で、タイトルを動的に変更します。アップロードした画像を表示しますが、サムネイルをcustomuser.thumbnail.urlで表示しています。if文による条件分岐によって、画像がアップロードされていない場合はあらかじめアップロードしているno_photo.pngを表示するようにしています。プロフィールの本文は、{{ customuser.description | linebreaks }}でlinebreaksを指定することで、改行が反映されます。

続いて、プロフィールページのURLを設定しましょう。 **10** の内容でurls.pyを編集しましょう。<int:pk>でユーザーのIDを取得します。

10 accounts/urls.py

```
···省略···

urlpatterns = [
    path('edit/', views.edit, name='edit'),
    path('<int:pk>/', views.detail, name='detail'),
]

···省略···
```

プロフィールページをブラウザで確認してみましょう **11** 。pkはデフォルトでは連番になっています。ユーザーの削除をしていなければ、pkに「1」を入力すると最初に作成したアカウントが表示されます。

11 https://ホスト名/accounts/<int:pk>/（例 https://ホスト名/accounts/1/）

CHAPTER

4

タイムラインを完成させよう

01　投稿機能を作ってみよう

02　投稿の一覧を作ってみよう

03　投稿の削除機能を作ってみよう

04　ほめる機能を作ってみよう

投稿機能を作ってみよう

01

タイムラインの実装に入っていきます。まずは、投稿機能を実装しますが、これまで学んだことを活かせば、実装は難しくありません。

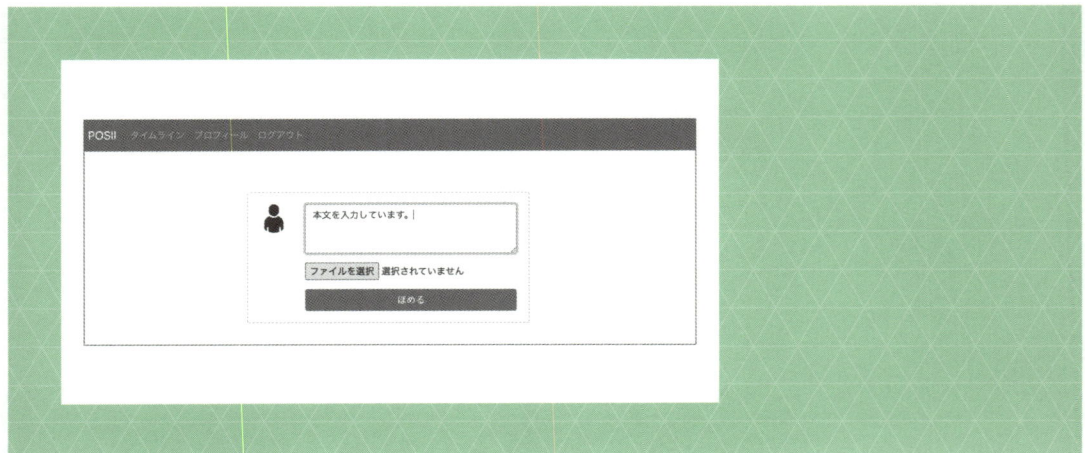

投稿機能を動かしてみよう

　まずは、投稿機能を作成します。 01 の内容でtimelineディレクトリの
views.pyを編集しましょう。

01 timeline/views.py

```python
from django.views import generic
from .models import Post
from django.contrib.auth.mixins import LoginRequiredMixin
from .forms import PostForm
from django.contrib import messages
from django.shortcuts import redirect
from django.urls import reverse_lazy

･･･省略･･･

class CreateView(LoginRequiredMixin, generic.CreateView):
    form_class = PostForm
    success_url = reverse_lazy('timeline:index')
```

```
    def form_valid(self, form):
        form.instance.author_id = self.request.user.id
        messages.success(self.request, '投稿が完了しました。')
        return super(CreateView, self).form_valid(form)

    def form_invalid(self, form):
        messages.warning(self.request,  '投稿が失敗しました。')
        return redirect('timeline:index')

・・・省略・・・

create = CreateView.as_view()
```

投稿にはCreateViewを使用しています。投稿が成功するとform_valid
内の処理が実行され、失敗するとform_invalid内の処理が実行されます。
PostFormを読み込んでいますが、 `02` の内容でforms.pyを作成しましょ
う。PostFormでは本文と写真を使用します。

`02` timeline/forms.py

```
from django import forms
from .models import Post

class PostForm(forms.ModelForm):
    class Meta:
        model = Post
        fields = ('text', 'photo')
```

次に、テンプレートファイルを編集します。index.htmlを `03` の内容に編集
します。あらかじめ用意しているファイルをコピー＆ペーストしてかまいません。

`03` timeline/templates/index.html

```
{% extends 'base.html' %}
{% load static %}
{% block title %}トップページ | POSII{% endblock %}
{% block contents %}


<div class="card mb-5 text-left">
    <div class="card-body">
        <div class="row">
            <div class="col-2">
```

```
                        <img src="{% if user.thumbnail %}{{ user.thumbnail.url }}
{% else %}{% static 'images/no_photo.png' %}{% endif %}" class="rounded-
circle post-photo">
                        </div>
                        <div class="col-10">
                            <form method="post" action="{% url 'timeline:create'
%}" enctype="multipart/form-data">
                            {% csrf_token %}
                        <div class="form-group">
                            <textarea class="form-control" id="exampleFormControlTextarea1"
name="text" rows="3" placeholder="例:XXさん、バグをなおしてくれてありがとうございます!">
</textarea>
                        </div>
                            <div class="form-group mt-1">
                                <label for="file">画像アップロード</label>
                                <input type="file" class="form-control-file" id="example
FormControlFile1" name="photo">
                            </div>
                            <button class="btn btn-info btn-block" type="submit">ほ
める</button>
                            </form>
                        </div>
                    </div>
                </div>
</div>

・・・省略・・・
```

最後に、urls.pyを設定します。 **04** の内容にurls.pyを編集しましょう。

04 timeline/urls.py

```
・・・省略・・・

urlpatterns = [
    path('', views.index, name='index'),
    path('create/', views.create, name='create'),
]

・・・省略・・・
```

runserverを実行して、投稿画面を開きましょう。投稿フォームが確認できましたね 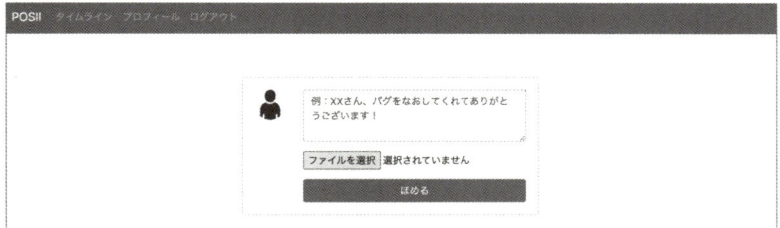 。

05 **https://ホスト名/**

投稿の一覧を作ってみよう

02

SNSで重要な投稿の一覧を表示できるようにします。

投稿の一覧を動かしてみよう

01 のように views.py を編集しましょう。

01 timeline/views.py

```
・・・省略・・・

class IndexView(LoginRequiredMixin, generic.ListView):
    template_name = 'index.html'
    paginate_by = 10

    def get_queryset(self):
        posts = Post.objects.order_by('-created_at')
        return posts

・・・省略・・・
```

それでは、テンプレートファイルの index.html を編集しましょう **02** 。あらかじめ用意しているファイルをコピー＆ペーストしてかまいません。

02 timeline/templates/index.html

```
···省略···

{% for post in object_list %}
<div class="card mb-5 text-left">
    <div class="card-body">
        <div class="row">
            <div class="col-1">
                <a href="{% url 'accounts:detail' post.author.id %}"><img src=
"{% if post.author.thumbnail %}{{ post.author.thumbnail.url }}{% else %}{% static
'images/no_photo.png' %}{% endif %}" class="rounded-circle profile-post-photo">
</a>
            </div>
            <div class="col-10 ml-3">
                <a href="{% url 'accounts:detail' post.author.id %}" class=
"text-secondary">{{ post.author }}</a><br>
                <small class="text-muted">{{ post.created_at | date:'n月j日
H時i分' }}</small>
            </div>
        </div>
        <p class="card-text mt-2">{{ post.text | linebreaks }}</p>
    </div>
    {% if post.post_photo %}
    <img class="card-img-bottom" src="{{ post.post_photo.url }}" alt="Card
image cap">
    {% endif %}
</div>
{% endfor %}

<nav>
    <ul class="pagination justify-content-center">
    {% if page_obj.has_previous %}
        <li class="page-item">
            <a class="page-link text-info" href="?page={{ page_obj.previous_
page_number }}" tabindex="-1">&laquo;</a>
        </li>
    {% else %}
        <li class="page-item disabled"><span class="page-link">
            &laquo;</span></a>
        </li>
    {% endif %}
    {% for i in page_obj.paginator.page_range %}
```

```
        {% if page_obj.number == i %}
            <li class="page-item disabled"><span class="page-link">{{ i }}</span></li>
        {% else %}
            <li class="page-item"><a class="page-link text-info" href="?page={{ i }}">{{ i }}</a></li>
        {% endif %}
        {% endfor %}
        {% if page_obj.has_next %}
            <li class="page-item">
                <a class="page-link text-info" href="?page={{ page_obj.next_page_number }}">&raquo;</a>
            </li>
        {% else %}
            <li class="page-item disabled">
                <span class="page-link">&raquo;</span>
            </li>
        {% endif %}
        </ul>
</nav>
{% endblock %}
```

index.htmlの内容を見ていきましょう **03** 。内容としては、投稿コンテンツとページネーションに分けられます。

投稿コンテンツは{% for post in object_list %}から{% endfor %}までをfor文のループで取得しています。{% url 'accounts:detail' post.author.id %}で、前に作成したプロフィール「https://ホスト名/accounts/<id>/」へのリンクを出力しています。created_atのデータが保存されていますが、{{ post.created_at | date:'n月j日 H時i分' }}で表示形式を指定しています。

03 timeline/templates/index.html

```
・・・省略・・・

{% for post in object_list %}
<div class="card mb-5 text-left">
    <div class="card-body">
        <div class="row">
            <div class="col-1">
                <a href="{% url 'accounts:detail' post.author.id %}"><img src=
```

```
"{% if post.author.thumbnail %}{{ post.author.thumbnail.url }}{% else %}
{% static 'images/no_photo.png' %}{% endif %}" class="rounded-circle profile-
post-photo"></a>
            </div>
            <div class="col-10 ml-3">
                <a href="{% url 'accounts:detail' post.author.id %}" class=
"text-secondary">{{ post.author }}</a><br>
                <small class="text-muted">{{ post.created_at | date:'n月j日
H時i分' }}</small>
            </div>
        </div>
        <p class="card-text mt-2">{{ post.text | linebreaks }}</p>
    </div>
    {% if post.post_photo %}
    <img class="card-img-bottom" src="{{ post.post_photo.url }}" alt="Card
image cap">
    {% endif %}
</div>
{% endfor %}

・・・省略・・・
```

次に、ページネーションを確認しましょう **04** 。

このページネーションには、前に戻るボタン、ページ数を表すボタン、次へ進むボタンの3つがあります。{% if page_obj.has_previous %}では前のページが存在するかを判定しています。リンク先が?page={{ page_obj.previous_page_number }}になっていますが、?page=<ページ数>で必要なページを取得することができます。{% if page_obj.has_next %}は次のページがあるか判定しています。

{% for i in page_obj.paginator.page_range %}でページ数に応じてループを行っています。{% if page_obj.number == i %}によって現在のページだけリンクを外すための条件分岐を行っています。

04 timeline/templates/index.html

```
・・・省略・・・
<nav>
    <ul class="pagination justify-content-center">
    {% if page_obj.has_previous %}
        <li class="page-item">
            <a class="page-link text-info" href="?page={{ page_obj.previous_
page_number }}" tabindex="-1">&laquo;</a>
```

```
            </li>
        {% else %}
            <li class="page-item disabled"><span class="page-link">
                &laquo;</span></a>
            </li>
        {% endif %}
        {% for i in page_obj.paginator.page_range %}
        {% if page_obj.number == i %}
            <li class="page-item disabled"><span class="page-link">{{ i }}</span>
</li>
        {% else %}
            <li class="page-item"><a class="page-link text-info" href="?page={{ i }}">
{{ i }}</a></li>
        {% endif %}
        {% endfor %}
        {% if page_obj.has_next %}
            <li class="page-item">
                <a class="page-link text-info" href="?page={{ page_obj.next_page_
number }}">&raquo;</a>
            </li>
        {% else %}
            <li class="page-item disabled">
                <span class="page-link">&raquo;</span>
            </li>
        {% endif %}
    </ul>
</nav>

・・・省略・・・
```

style.cssも 05 のように編集しましょう。

05 static/css/style.css

```
・・・省略・・・

.profile-post-photo {
    width: 50px;
    height: 50px;
}
```

ファイルの編集ができたら、ブラウザでページを確認してみましょう。投稿するとタイムラインに表示されていますね 06 。

06 https://ホスト名/

投稿の削除機能を作ってみよう

03

投稿の削除機能を実装しましょう。

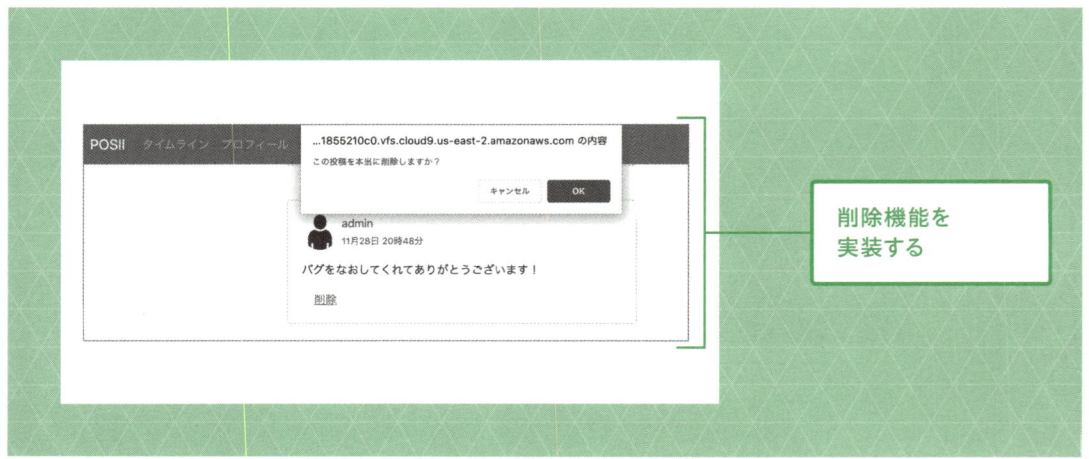

削除機能を
実装する

投稿の削除機能を動かしてみよう

views.pyを 01 のように編集しましょう。DeleteViewで投稿を削除する
ことができます。他の人の投稿が削除できないように、if self.object.
author == request.user:で条件分岐を行っています。

01 timeline/views.py

```
···省略···


class DeleteView(LoginRequiredMixin, generic.DeleteView):
    model = Post
    success_url = reverse_lazy('timeline:index')

    def delete(self, request, *args, **kwargs):
        self.object = self.get_object()
        if self.object.author == request.user:
            messages.success(self.request, '削除しました。')
                return super().delete(request, *args,
**kwargs)
```

```
・・・省略・・・

delete = DeleteView.as_view()
```

　次にテンプレートの編集をします。index.htmlを **02** のように編集しましょう。削除ボタンをクリックした瞬間に削除するのではなく、削除する前に削除してよいか確認するためのダイアログを表示させます。

02 timeline/templates/index.html

```
・・・省略・・・

{% for post in object_list %}
<div class="card mb-5 text-left">
    <div class="card-body">
        <div class="row">
            <div class="col-1">
                <a href="{% url 'accounts:detail' post.author.id %}"><img src=
"{% if post.author.thumbnail %}{{ post.author.thumbnail.url }}{% else %}{% static
'images/no_photo.png' %}{% endif %}" class="rounded-circle profile-post-photo">
</a>
            </div>
            <div class="col-10 ml-3">
                <a href="{% url 'accounts:detail' post.author.id %}" class=
"text-secondary">{{ post.author }}</a><br>
                <small class="text-muted">{{ post.created_at | date:'n月j日
H時i分' }}</small>
            </div>
        </div>
        <p class="card-text mt-2">{{ post.text | linebreaks }}</p>
        {% if post.author.id == user.id %}
        <form method="post" action="{% url 'timeline:delete' post.id %}" class=
"d-inline">
            {% csrf_token %}
            <button class="btn btn-link text-info p-0 ml-3" type="submit"
onclick='return confirm("この投稿を本当に削除しますか?");'>
                削除
            </button>
        </form>
        {% endif %}
    </div>
    {% if post.post_photo %}
```

```
    <img class="card-img-bottom" src="{{ post.post_photo.url }}" alt="Card
image cap">
    {% endif %}
</div>
{% endfor %}

・・・省略・・・
```

urls.pyを **03** のように編集しましょう。

03 timeline/urls.py

```
from django.urls import path
from . import views

app_name = 'timeline'

urlpatterns = [
    path('', views.index, name='index'),
    path('create/', views.create, name='create'),
    path('delete/<int:pk>/', views.delete, name='delete'),
]
```

　ブラウザで確認しましょう。自分の投稿に削除ボタンが表示されているので、削除してみましょう。ダイアログが表示され、[OK]ボタンをクリックすると投稿を削除することができます **04** 。

04 https://ホスト名/

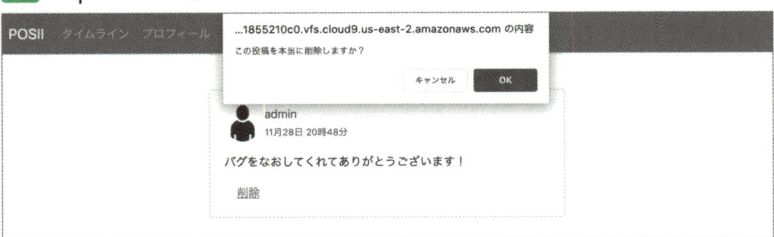

ほめる機能を作ってみよう

04

最後に作るのはほめる機能です。Ajaxにも挑戦します。

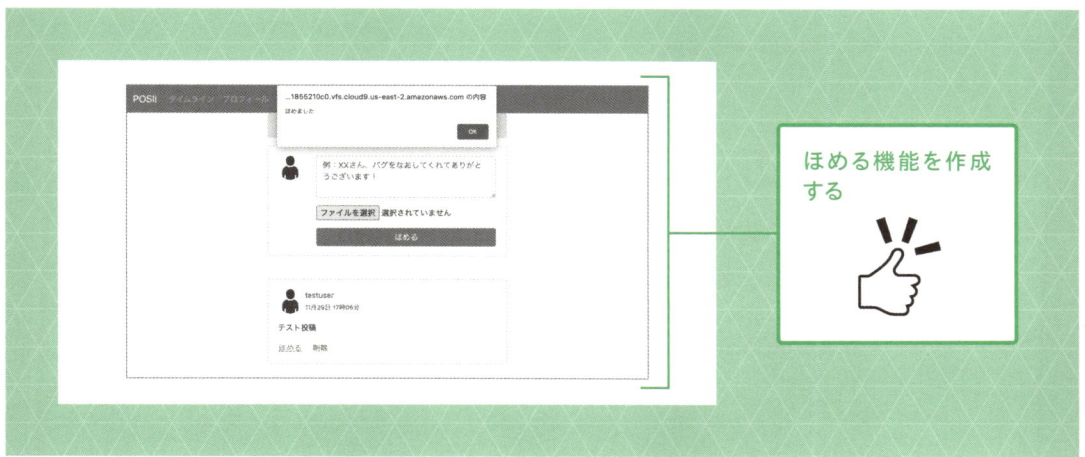

ほめる機能を作成する

ほめる機能を動かしてみよう

投稿に「ほめる」を付けるほめる機能を実装していきましょう。
ほめるのモデルはすでに実装しています。モデルを確認してみましょう 01 。

01 timeline/models.py（参考）

```
・・・省略・・・

class Like(models.Model):
    user = models.ForeignKey('accounts.CustomUser', on_delete=models.CASCADE)
    post = models.ForeignKey('Post', on_delete=models.CASCADE)

    class Meta:
        unique_together = ('user', 'post')

・・・省略・・・
```

ビューを編集しましょう。 **02** の内容にviews.pyを編集してください。

02 timeline/views.py

```
・・・省略・・・

from .models import Post, Like
from django.http.response import JsonResponse

・・・省略・・・

class LikeView(LoginRequiredMixin, generic.View):
    model = Like

    def post(self, request):
        post_id = request.POST.get('id')
        post = Post.objects.get(id=post_id)
        like = Like(user=self.request.user,post=post)
        like.save()
        like_count = Like.objects.filter(post=post).count()
        data = {'message': 'ほめました',
                'like_count': like_count}
        return JsonResponse(data)

・・・省略・・・

like = LikeView.as_view()
```

　今回は、シンプルな汎用クラスビューのViewを使用します。post_id = request.POST.get('id')でPOSTで取得し、post = Post.objects.get(id=post_id)で投稿IDをデータベースで取得します。

　そして、post = Post.objects.get(id=post_id)で投稿IDとログイン中のユーザーIDを紐付けてlike.save()で保存します。ほめるを保存したあと、like_count = Like.objects.filter(post=post).count()によってJSONが生成され、Ajaxでほめる数を取得しています。messageに「ほめました」という文字列を、like_countに先ほど取得したほめる数を、それぞれJSON形式で返します **03** **04** 。

03 Ajaxで実現できることのイメージ

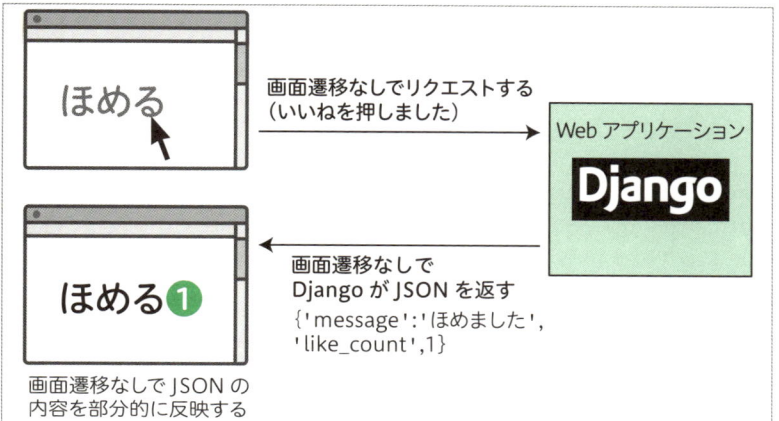

MEMO

Ajaxと はAsynchronous JavaScript XMLの 頭 文字 で す が、JavaScriptと XMLを用いた非同期通信を実施します。画面遷移することなく、画面を更新することができます。

MEMO

JSON（JavaScript Object Notation）はデータ形式の１つで、JavaScriptのObjectと呼ばれる型と同じデータ形式です。

04 JSONの例

```
{
    {"id":"1", "text": "本文1"},
    {"id":"2", "text": "本文2"},
}
```

　次に、テンプレートを確認しましょう。ほめる機能は、Ajaxを使うことでほめるを押したあとにページ遷移はしない仕様にします。JavaScriptでほめるを押したことをPOSTして、JSONの値を取得して、ページ遷移なしで部分的に画面を更新します。**05** の内容にindex.htmlを編集しましょう。

05 timeline/templates/index.html

```
・・・省略・・・

{% for post in object_list %}
<div class="card mb-5 text-left">
    <div class="card-body">
        <div class="row">
            <div class="col-1">
                <a href="{% url 'accounts:detail' post.author.id %}"><img src=
"{% if post.author.thumbnail %}{{ post.author.thumbnail.url }}{% else %}{% static
'images/no_photo.png' %}{% endif %}" class="rounded-circle profile-post-photo">
</a>
            </div>
            <div class="col-10 ml-3">
```

```
                <a href="{% url 'accounts:detail' post.author.id %}" class=
"text-secondary">{{ post.author }}</a><br>
                <small class="text-muted">{{ post.created_at | date:'n月j日
H時i分' }}</small>
            </div>
        </div>
        <p class="card-text mt-2">{{ post.text | linebreaks }}</p>
        <button class="btn btn-link p-0 {% if user in post.get_like %}disabled
post-liked text-secondary{% else %}post-like text-info{% endif %}" id="post-
like-{{ post.id }}" data-id="{{ post.id }}">
            ほめる
        </button>
        <span class="badge badge-info" id="like-count-{{ post.id }}">{% if post.
get_like %}{{ post.get_like | length }}{% endif %}</span>
        {% if post.author.id == user.id %}
        <form method="post" action="{% url 'timeline:delete' post.id %}" class=
"d-inline">
            {% csrf_token %}
            <button class="btn btn-link text-info p-0 ml-3" type="submit"
onclick='return confirm("この投稿を本当に削除しますか?");'>
                削除
            </button>
        </form>
        {% endif %}
    </div>
    {% if post.post_photo %}
    <img class="card-img-bottom" src="{{ post.post_photo.url }}" alt="Card
image cap">
    {% endif %}
</div>
{% endfor %}

・・・省略・・・
```

　ほめるボタンは、ほめるを押していない状態でのみボタンを押すことができ、すでにほめるをしている状態では作動しないように設定をしています。{% if user in post.get_like %}では、以前モデルで定義した関数を使用しています。投稿に対してどのユーザーがほめるを押したかを取得できますが、その中に自分自身が含まれているかどうかを確認することで、過去にほめるを押しているか確認しています。JavaScriptとDjangoがやりとりをするために必要となるidやdata-idも書いています。また、ほめる数の表示については、post.get_likeで値を取得し、lengthを使用することでほめる数をカウ

ントできます。

次に、base.htmlを編集します。base.htmlに **06** のJavaScriptを追加しましょう。Cloud9では警告が出るかもしれませんが、そのままコピー＆ペーストして、動作すれば問題ありません。

06 timeline/templates/base.html

```
···省略···

<script>
$.ajaxSetup({
    beforeSend: function (xhr, settings) {
        function getCookie(name) {
            var cookieValue = null;
            if (document.cookie && document.cookie != '') {
                var cookies = document.cookie.split(';');
                for (var i = 0; i < cookies.length; i++) {
                    var cookie = jQuery.trim(cookies[i]);
                    if (cookie.substring(0, name.length + 1) == (name + '=')) {
                        cookieValue = decodeURIComponent(cookie.substring
(name.length + 1));
                        break;
                    }
                }
            }
            return cookieValue;
        }
        if (!(/^http:.*/.test(settings.url) || /^https:.*/.test(settings.url))) {
            xhr.setRequestHeader("X-CSRFToken", getCookie('csrftoken'));
        }
    }
});
$(document).on("click", ".post-like", function () {
    var id = $(this).data('id');
    $.ajax({
        type: "post",
        url: "/like/",
        data: {
            id: id,
            csrfmiddlewaretoken: $("#csrfmiddlewaretoken").val( )
        },
        success: function (data) {
            $("#post-like-" + id).removeClass("post-like text-info").addClass
```

```
("post-liked disabled text-secondary");
            var like_count = data["like_count"]
            $("#like-count-" + id).html(like_count);
            alert(data["message"])
        }
    });
});
</script>

・・・省略・・・
```

$.ajaxSetupは長くて複雑ですが、CSRFトークン対策をしています。$(document).on("click", ".post-like", function ( ) { …が主な処理です。post-likeクラスをクリックしたときに処理が始まります。先ほど設定したdata-idからidを取得し、その値も含めて$.ajaxでPOSTをします。処理が成功したときに該当するpost-like-<id>のクラスを変更し、重複してほめるを押せない状態にします。urls.pyを **07** のように編集しましょう。

07 timeline/urls.py

```python
from django.urls import path
from . import views

app_name = 'timeline'

urlpatterns = [
    path('', views.index, name='index'),
    path('create/', views.create, name='create'),
    path('delete/<int:pk>/', views.delete, name='delete'),
    path('like/', views.like, name='like'),
]
```

ここまでで、SNSとしての基本的な機能は完成しました **08** 。

08 https://ホスト名/

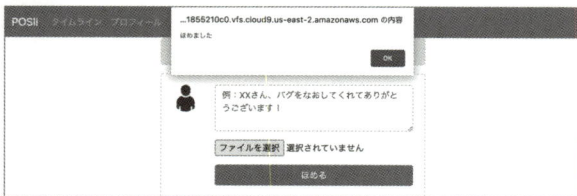

CHAPTER

5

最終調整をしよう

01　エラーコードページを作ってみよう

02　ファビコンを作ってみよう

03　テストを動かしてみよう

エラーコードページを作ってみよう

01

状況に応じてエラーコードページが表示されるよう設定しましょう。

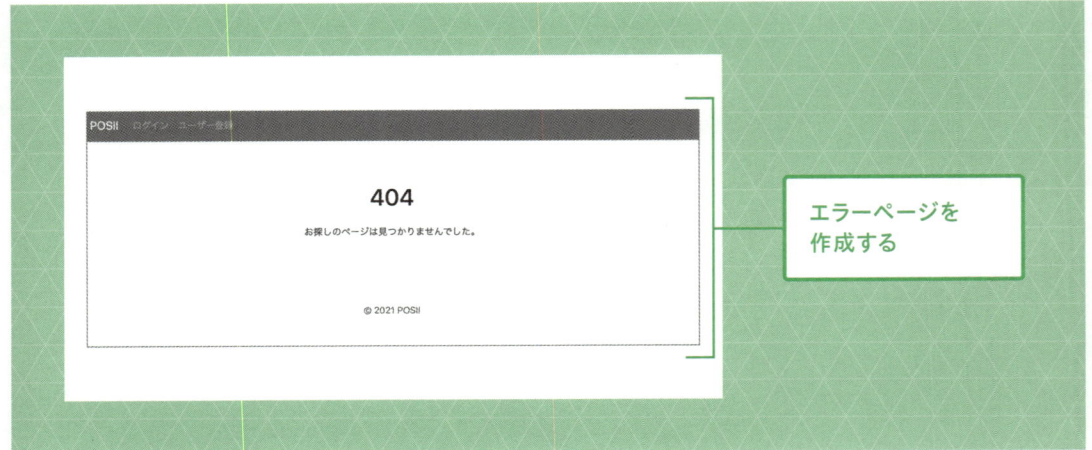

エラーページを
作成する

▼ エラーコードページとは

エラーコードとは、HTTPリクエストに対して返ってくるステータスコードの一つです。ステータスコードはターミナル上で200や404等の数字で表示されているので、気がついた方もいるかもしれません。200はリクエストが成功したことを示しています。他にも、403はForbiddenでアクセスが禁止されていること、404はNot Foundでページが存在しないこと、500はInternal Server Errorでサーバ内部のエラーが起こっていることを示しています。

現在のPOSIIでは、urls.pyで設定していないURLにアクセスすると **01** の

01 エラーコードページ

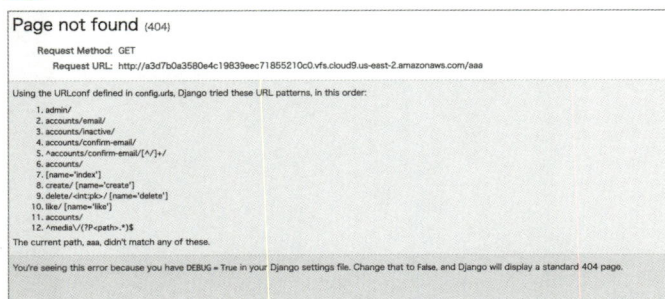

ページが表示されます。本番環境でこの画面を表示するわけにはいきません
ね。そこで、エラーコードページを設定する必要があります。

 ## エラーコードページを作ってみよう

　それでは、エラーコードページを作成していきましょう。timeline/
templatesディレクトリ内に403.html、404.html、500.htmlという3つの
ファイルをそれぞれ `02` ～ `04` の内容で作成してください。

`02` timeline/templates/403.html

```
{% extends 'base.html' %}
{% block title %}403 | POSII{% endblock %}
{% block contents %}
<div class="container">
    <h1 class="mb-4">404</h1>
    <p>アクセスが禁止されています。</p>
</div>
{% endblock %}
```

`03` timeline/templates/404.html

```
{% extends 'base.html' %}
{% block title %}404 | POSII{% endblock %}
{% block contents %}
<div class="container">
    <h1 class="mb-4">404</h1>
    <p>お探しのページは見つかりませんでした。</p>
</div>
{% endblock %}
```

PART 3　Djangoで SNSを作る

04 timeline/templates/500.html

```
{% extends 'base.html' %}
{% block title %}500 | POSII{% endblock %}
{% block contents %}
<div class="container">
    <h1 class="mb-4">500</h1>
    <p>サーバー内部でエラーが発生しています。</p>
</div>
{% endblock %}
```

先ほどのブラウザで確認したURLが設定されていないページは、settings.pyでDEBUG = Falseになっているときに表示されます。DEBUG（デバッグ）とは、プログラムのバグを発見し、修正をすることです。開発環境ではDEBUGをTrueにすることでバグがブラウザ上でメッセージとして表示されるため、効率的に開発ができます。開発環境では、runserverやshell、Django Debug Toolbarなどを使用することで、バグを確認しながら開発します。

しかし、本番環境では、エラーメッセージが一般のユーザーに見えてしまうと問題があります。エラーコードページは本番環境で表示するものです。一時的に本番環境と同じDEBUG = Falseに変更して必要な設定を行います。ただし、DEBUGがFalseになるとDjangoの仕様によりstaticディレクトリのファイルが使用できなくなります。staticfilesというディレクトリに静的ファイルを集め、それを読み込むための処理も必要になります。

settings.pyを **05** の内容に編集しましょう。

05 config/settings.py

```
・・・省略・・・

DEBUG = False

・・・省略・・・

STATIC_URL = '/static/'
STATICFILES_DIRS = (
    os.path.join(BASE_DIR, 'static'),
)
STATIC_ROOT = os.path.join(BASE_DIR, 'staticfiles')

・・・省略・・・
```

MEMO
Django Debug Toolbar についてはAppendixで解説します。

MEMO
DEBUGをFalseにすると、mediaディレクトリの画面が表示されなくなります。PART4で扱うAWS S3などを別途設定して表示させる必要があります。ここではエラーページの説明をするために一時的にFalseにしています。

ファイルの編集ができたら、ターミナルに 06 のコマンドを入力して
staticfilesディレクトリを作成しましょう。このディレクトリ内に静的ファイルが
集められ、DEBUGがFalseでも読み込めるようになります。

06 ターミナル

```
$ python manage.py collectstatic
```

続いて、 07 のコマンドでrunserverを実行しましょう。今回はinsecure
をオプションに指定します。

07 ターミナル

```
$ python manage.py runserver $IP:$PORT --insecure
```

この状態で再度runserverを実行して、先ほどと同様にURLを設定してい
ない存在しないページへアクセスしてみましょう 08 。

08 https://ホスト名/abcd（urls.pyで指定していないページ）

POSII　ログイン　ユーザー登録

404

お探しのページは見つかりませんでした。

© 2021 POSII

404のページが表示されましたね。確認ができたら、先ほど編集した
setting.pyのDEBUGをTrueに戻しておきましょう 09 。

09 config/settings.py

```
・・・省略・・・

DEBUG = True

・・・省略・・・
```

ファビコンを作ってみよう

02

ファビコンを設置します。ファビコンはサイトのシンボルマークで、ブラウザのタブ等に表示されています。

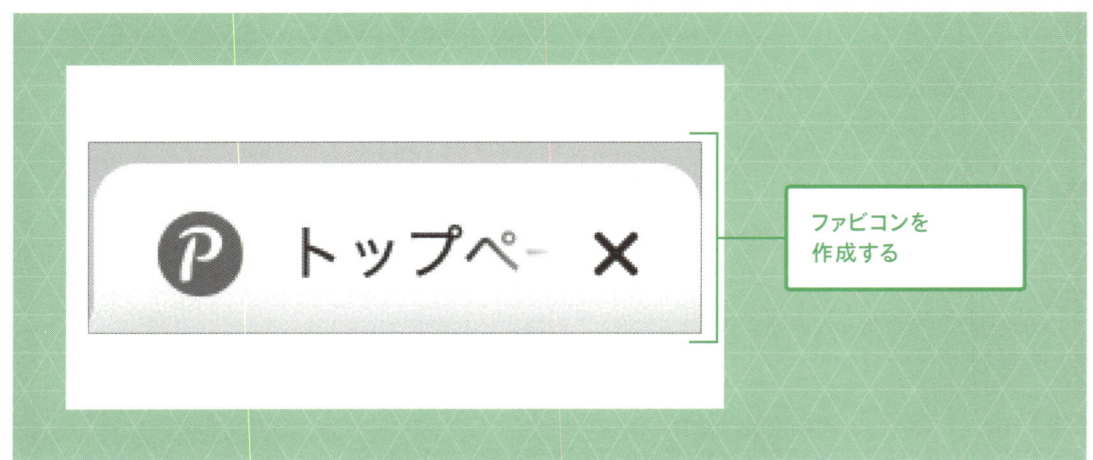

ファビコンを
作成する

ファビコンを作ってみよう

POSIIは 01 のサイトでファビコンを作成しています。文字や色（カラーコード）を入力するだけでファビコンを簡単に生成することができます。

01 favicon.io

Generate From Text

Text	Font Color	Background Color
P	#FFFFFF	#17a2b8

Background

Circle

Font Family (view all on Google Fonts)

Leckerli One

Font Size

110

MEMO
favicon.io
https://favicon.io/
favicon-generator/

ファビコンを設定しよう

作成したファビコンfavicon.icoをstaticディレクトリ内にアップロードしましょう。次に、ファビコンを表示させるようbase.htmlを 02 のように編集してください。

02 timeline/templates/base.html

```
・・・省略・・・

<head>
    <meta charset="utf-8">
    <link rel="shortcut icon" href="{% static 'favicon.ico' %}">
    <link rel="stylesheet" href="https://stackpath.bootstrapcdn.com/bootstrap/
4.3.1/css/bootstrap.min.css">
    <link rel="stylesheet" href="{% static 'css/style.css' %}">
    <title>{% block title %}{% endblock %}</title>
</head>

・・・省略・・・
```

POSIIにアクセスしてみましょう。ブラウザタブにファビコンが反映されていますね 03 。これでファビコンの設定も完了です。

03

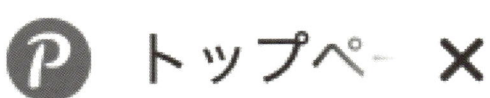

テストを動かしてみよう

03

最後にテストをしましょう。テストとは、その名の通りプログラムが正しく動いているか確認することです。

```
(part3) ec2-user:~/environment $ python manage.py test
Creating test database for alias 'default'...
System check identified no issues (0 silenced).
..
----------------------------------------------------------------------
Ran 2 tests in 0.767s

OK
Destroying test database for alias 'default'...
(part3) ec2-user:~/environment $ ▮
```

▼ テストの自動化とは

　これまで行ってきたように、サイトにアクセスして、1つ1つの機能を手動で確認するテストもあります。今回のように小規模なWebアプリケーション開発であれば、手動テストのみでも特に問題はないかもしれません。しかし、複数人で開発を行っていたり、サイトの規模が大きくなったりする場合、システムを更新するたびに手動でテストをしていると作業量が増えてしまい、不具合が混入する可能性も高まります。そこで、「ある操作をしたときに、期待した動作をするか」「ある入力をしたときに、期待した値を返すか」などを確認するPythonのコードを書くことで、テストを自動化します。

　実際にテストコードを書いて、テストを行ってみましょう。タイムラインのプログラムが正しく動いているかテストしてみます。timelineディレクトリに **01** の内容でtests.pyを作成しましょう。

　test_indexでは、「未ログイン状態でタイムラインにアクセスすると、レスポンスコード302が返ってくること」をテストしています。response.status_codeにレスポンスコードの値が入るので、assertEqualでその値が302と一致していることを確認します。

　test_loggedin_indexは、「ログインした状態でタイムラインにアクセスすると、レスポンスコード200（＝成功）が返ってくること」、「文章を投稿すると、最新の投稿が自身の投稿した内容になっていること」をテストします。まずは、テストユーザーを作成し、そのユーザー情報を使ってログインします。今度はうまくログインでき、レスポンスコードは200（＝成功）が返ってきます。次に、ログインした状態であれば投稿ができるので、「本文」と入力された投稿を作成します。最後に、最新の投稿を取得し、テストユーザーが投稿した「本文」と内容が一致することを確認します。

MEMO
302はリダイレクトを意味しています。

01 timeline/tests.py

```python
from django.contrib.auth import get_user_model
from django.test import TestCase, Client
from .models import Post

class TimelineTestCase(TestCase):

    def test_index(self):
        client = Client()
        response = client.get('/')
        self.assertEqual(response.status_code, 302)

    def test_loggedin_index(self):
        client = Client()
        self.test_user = get_user_model().objects.create_user(
            username='testuser',
            email='test@example.com',
            password='password')

        client.login(email='test@example.com',password='password')
        response = client.get('/')
        self.assertEqual(response.status_code, 200)

        client.post('/create/', {'text': '本文', 'photo': ''})
        latest_post = Post.objects.latest('created_at')
        self.assertEqual(latest_post.text, '本文')
```

テストは、ターミナルから実行します。 **02** のコマンドをターミナルに入力してみましょう。無事にテストができました。

02 ターミナル

```
$ python manage.py test
Creating test database for alias 'default'...
System check identified no issues (0 silenced)...
-------------------------------------------------------
Ran 2 tests in 0.508s

OK
Destroying test database for alias 'default'...
```

PART 4

アプリケーションを公開する

PART4では、AWSを本番環境で用意してアプリケーションを公開しましょう。AWS の中でもS3とElastic Beanstalkを使用します。

AWSでの本番環境

01　AWSとは

02　S3を使ってみよう

03　DjangoでS3を使ってみよう

AWSとは

01

多くの開発現場で活用されているAWS（Amazon Web Services）でアプリケーションを公開しましょう。

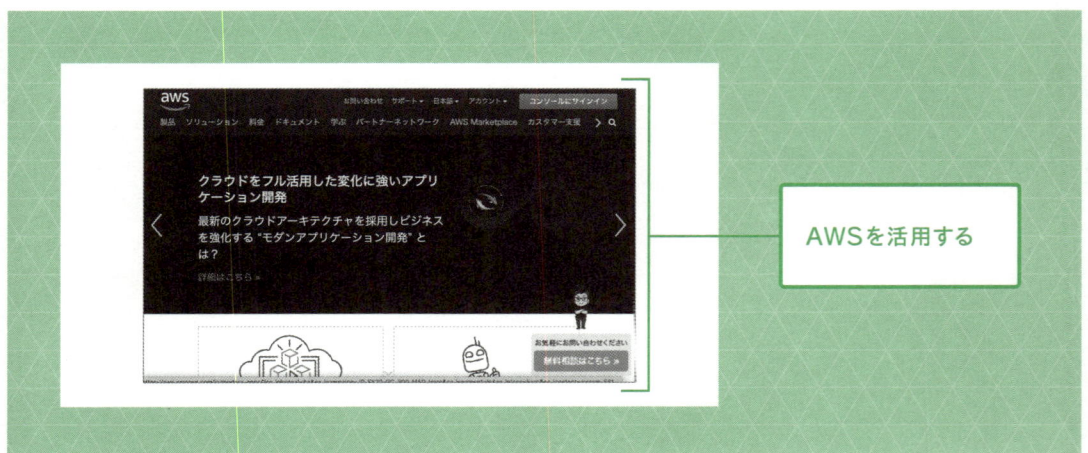

AWSを活用する

AWSの活用

　PART3で開発したSNS「POSII」を本番環境で公開する設定を紹介します。これまではクラウド開発環境のAWS Cloud9を使用してきましたが、PART4ではAWSの中でもAmazon S3（以下S3）、AWS Elastic Beanstalk（以下Elastic Beanstalk）を使用します。

　本番環境で安全にアプリケーションを運用するためにはさまざまな設定が必要ですが、本書ではAWSやインフラの詳しい説明は省略します。詳しく知りたい方は、専門の書籍などで学習されることをお勧めします。

　また、デプロイの最後の工程は、独自ドメインの設定です。CHAPTER3で紹介するAmazon Route 53（以下Route 53）を使用します。

MEMO
AWS
https://aws.amazon.com/jp/

MEMO
本番環境へアプリケーションを公開することをデプロイと呼びます。

S3を使ってみよう

02

Amazon S3を利用するための設定をしましょう。バスケット登録とIAMを設定します。

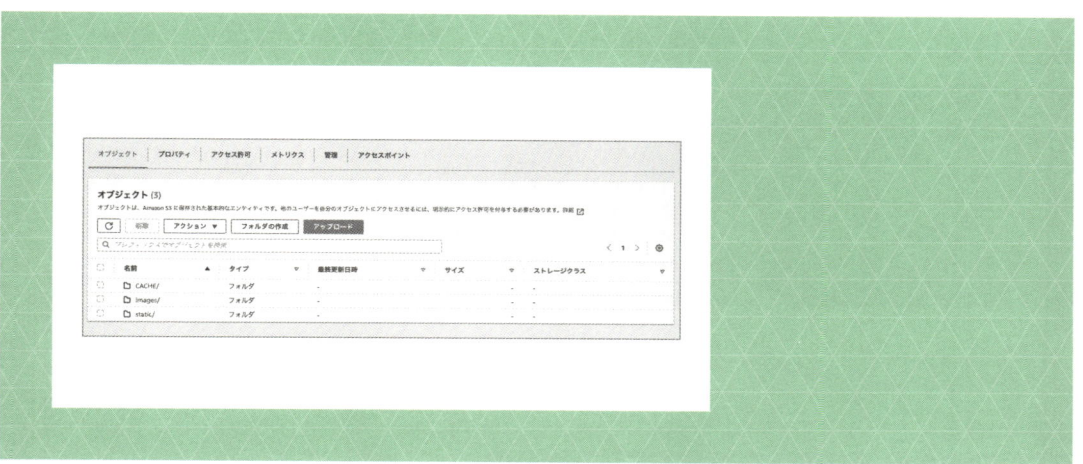

S3とは

S3はAWSのクラウドストレージです。S3を使用すると、膨大な量のファイルを保存することができます。POSIIでは画像ファイル等をS3に保存します 01 。

01 Amazon S3

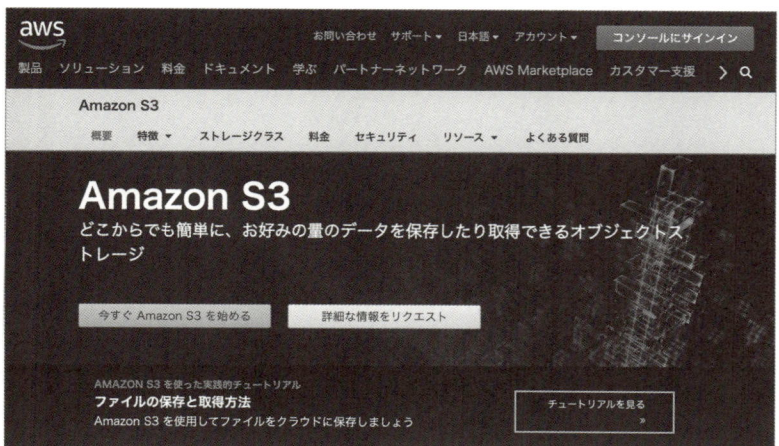

MEMO
Amazon S3
https://aws.amazon.
com/jp/s3/

▼ S3でバケットの登録をしよう

　それでは、S3の設定を始めましょう。AWSのマネジメントコンソールから AWS管理画面を表示して「s3」と入力して検索し、S3のページにアクセスしましょう `02` 。

`02` S3の検索

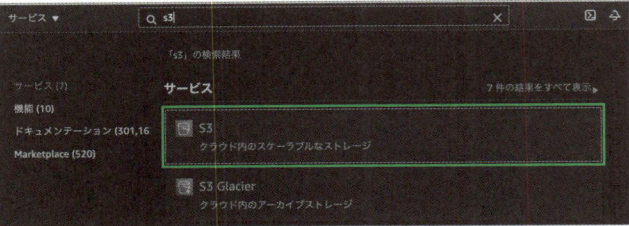

　[バケットを作成]ボタンをクリックして、環境設定をします `03` 。

`03` 環境設定

　次に、任意のバケット名を入力してください `04` 。バケット名は、Django で設定するときに使用します。ここでは「posii」と入力していますが、S3では すでに登録されている同じ名前のバケット名は使えません。posii以外の別の 名前を入力してください。

`04` バケット名の入力

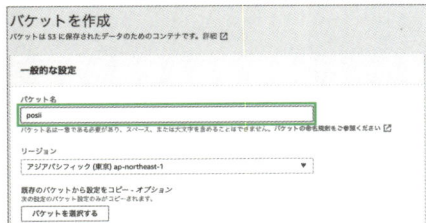

ブロックパブリックアクセスのバケット設定を行います。

デフォルトでは「パブリックアクセスをすべてブロック」にチェックが付いていますが、クリックしてチェックを外してください。そのあと、 **05** のようにチェックを3つ付けましょう。

05 ブロックパブリックアクセスのバケット設定

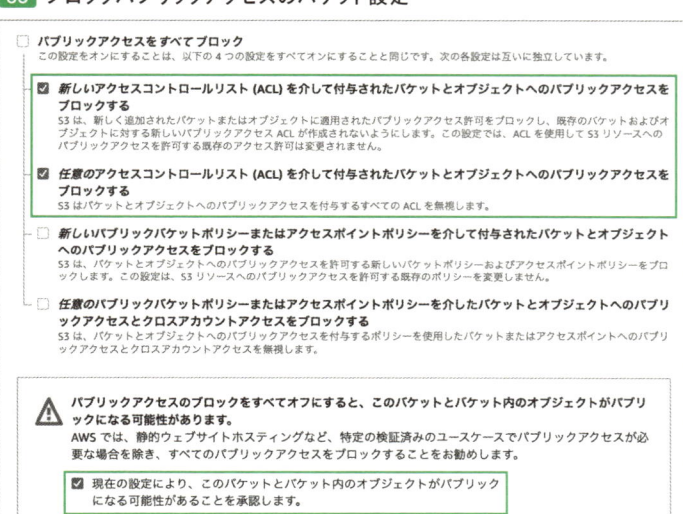

その他の項目は設定せず、最後に［バケットを作成］ボタンをクリックしてください **06** 。

06 バケット作成

作成したバケットのページにアクセスしましょう。［アクセス許可］ボタンをクリックして、アクセスポリシーを編集します **07** 。

07 アクセス許可

バケットポリシーは **08** のように入力されています。

08 バケットポリシー

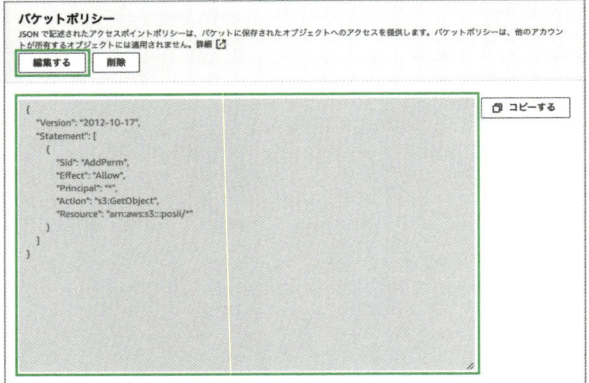

［編集する］ボタンをクリックして、**09** のコードを入力します。このとき、バケット名の箇所には、ご自身が作成したバケット名を入力してください。

09 バケットポリシー

```json
{
    "Version": "2012-10-17",
    "Statement": [
        {
            "Sid": "AddPerm",
            "Effect": "Allow",
            "Principal": "*",
            "Action": "s3:GetObject",
            "Resource": "arn:aws:s3:::バケット名/*"
        }
    ]
}
```

IAMを設定しよう

　次は、IAMの設定をします。IAMはAWSで認証と認可を行うサービスで、アクセスキーを発行してS3を利用できる状態にします。AWS管理画面の検索ボックスに「iam」と入力してIAMを検索し、クリックしてアクセスしましょう **10** 。

10 IAMの検索

　左のメニューから[ユーザー]をクリックし、[ユーザーを追加]ボタンをクリックしてください **11** 。

11 ユーザーを追加

　任意のユーザー名を入力します **12** 。AWSアクセスの種類は「プログラムによるアクセス」にチェックが付いていることを確認し、[次のステップ：アクセス権限]ボタンをクリックします。

12 ユーザー詳細の設定

13 のアクセス許可の設定では、「既存のポリシーを直接アタッチ」を選択します。ポリシーのフィルタでS3を検索し、「AmazonS3FullAccess」にチェックを付けて、［次のステップ：タグ］ボタンをクリックします。

13 アクセス許可の設定

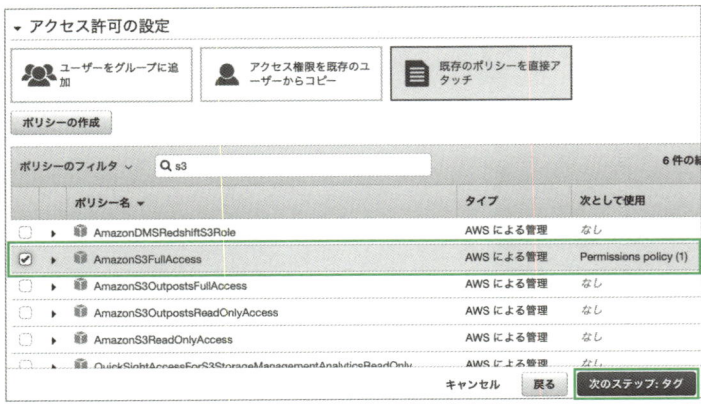

14 のタグの追加（オプション）では何も入力せず、［次のステップ：確認］ボタンをクリックします 14 。

14 タグの追加（オプション）

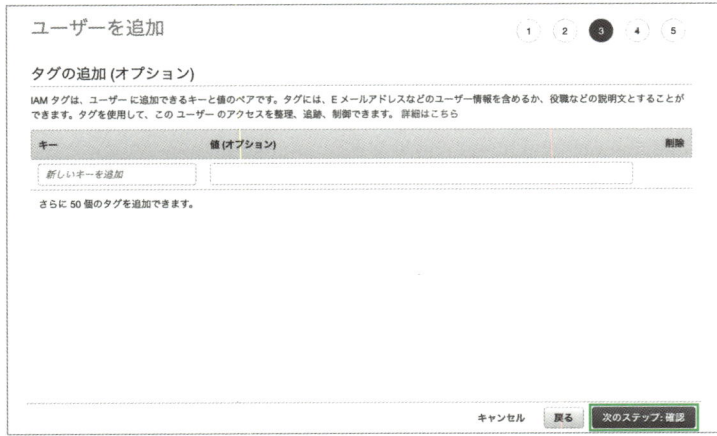

15 の確認ページで、入力したユーザー詳細を確認し、［ユーザーの作成］ボタンをクリックしましょう。

15 ユーザーの作成

確認

選択内容を確認します。ユーザーを作成した後で、自動生成パスワードとアクセスキーを確認してダウンロードできます。

ユーザー詳細

ユーザー名	posii
AWS アクセスの種類	プログラムによるアクセス - アクセスキーを使用
アクセス権限の境界	アクセス権限の境界が設定されていません

アクセス権限の概要

次のポリシー例は、上記のユーザーにアタッチされます。

タイプ	名前
管理ポリシー	AmazonS3FullAccess

タグ

追加されたタグはありません。

キャンセル　戻る　**ユーザーの作成**

　IAMにユーザーの追加ができました。 16 のようにユーザーが追加されていることを確認してください。アクセスキーIDとシークレットアクセスキーはS3を利用するために必要になります。「シークレットアクセスキーの表示」をクリックするか、[.csvのダウンロード] ボタンをクリックすると確認することができます。アクセスキーIDとシークレットアクセスキーをメモなどに残しておきましょう。
　これでAWS上での設定は完了です。[閉じる]をクリックして終了します。

16 ユーザーを追加

ユーザーを追加

① ② ③ ④ ⑤

✓ **成功**

以下に示すユーザーを正常に作成しました。ユーザーのセキュリティ認証情報を確認してダウンロードできます。AWS マネジメントコンソールへのサインイン手順を E メールでユーザーに送信することもできます。今回が、これらの認証情報をダウンロードできる最後の機会です。ただし、新しい認証情報はいつでも作成できます。

AWS マネジメントコンソールへのアクセス権を持つユーザーは「https://▨▨▨▨▨.signin.aws.amazon.com/console」でサインインできます

↓ .csv のダウンロード

	ユーザー	アクセスキー ID	シークレットアクセスキー
▶ ✓	posii		********* 表示

閉じる

DjangoでS3を使ってみよう

03

DjangoでS3を利用するための設定をしましょう。

S3の設定をする

▼ DjangoでS3の設定をしよう

　それではDjangoで設定を行いましょう。あらかじめ用意したファイル一式をダウンロードし、Cloud9にアップロードします。ただし、今回は隠しファイルがあります。隠しファイルとは、.ebextensionsなどファイル名の前に「.」（ドット）のあるディレクトリやファイルのことで、通常の状態では見ることができません。Windows、Mac、Cloud9でファイルを表示させるための設定が必要です。Windowsはフォルダを開いた状態で「表示」タブを選択し、隠しファイルにチェックを付けます。Macの場合はcommand＋shif＋「.」（ドット）で表示できます。

　まずは、Cloud9ではPART4という名前で環境を作成しましょう。歯車のマークの中から［Show Hidden Files］をクリックすると隠しファイルが表示されます 01 。

01 隠しファイルの表示

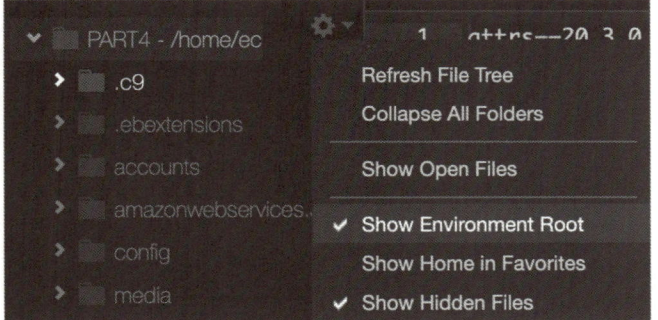

02 のように、Cloud9にファイルをアップロードしましょう。

02 ファイルのアップロード

　ファイルが設置できたら、Cloud9で **03** のコマンドを入力して初期設定を
します。

03 ターミナル

```
$ sh init.sh
```

　今回も必要なライブラリはすべてインストール済みですが、DjangoでS3を使用するために **04** のコマンドを入力します。

04 ターミナル（参考）

```
$ pip install django-storages==1.10
$ pip install boto3==1.16.43
```

　続いて、settings.pyを **05** のように編集しましょう。INSTALLED_APPSにstoragesを追加します。先ほどIAMで確認したアクセスキーとシークレットアクセスキー、S3で設定したバケット名を入力してください。

05 config/settings.py

```
・・・省略・・・

INSTALLED_APPS = [
    'django.contrib.admin',
    'django.contrib.auth',
    'django.contrib.contenttypes',
    'django.contrib.sessions',
    'django.contrib.messages',
    'django.contrib.staticfiles',
    'accounts.apps.AccountsConfig',
    'timeline.apps.TimelineConfig',
    'django.contrib.sites',
    'allauth',
    'allauth.account',
    'bootstrap4',
    'storages',
]

・・・省略・・・

#STATIC_URL = '/static/' ←コメントアウト

・・・省略・・・

from storages.backends.s3boto3 import S3Boto3Storage
from tempfile import SpooledTemporaryFile

class CustomS3Boto3Storage(S3Boto3Storage):
```

```
        def _save(self, name, content):
            content.seek(0, os.SEEK_SET)

            with SpooledTemporaryFile() as content_autoclose:

                content_autoclose.write(content.read())
                return super(CustomS3Boto3Storage, self)._save(name, content_
autoclose)

AWS_ACCESS_KEY_ID = "アクセスキー"
AWS_SECRET_ACCESS_KEY = "シークレットアクセスキー"
AWS_STORAGE_BUCKET_NAME = 'バケット名'
AWS_S3_CUSTOM_DOMAIN = '%s.s3.amazonaws.com' % AWS_STORAGE_BUCKET_NAME
AWS_S3_OBJECT_PARAMETERS = {
    'CacheControl': 'max-age=86400',
}
DEFAULT_FILE_STORAGE = 'config.settings.CustomS3Boto3Storage'

AWS_LOCATION = 'static'
AWS_DEFAULT_ACL = None
STATIC_URL = 'https://%s/%s/' % (AWS_S3_CUSTOM_DOMAIN, AWS_LOCATION)
STATICFILES_STORAGE = 'config.settings.CustomS3Boto3Storage'
```

　staticディレクトリにある静的ファイルも、AWS S3上に公開します。ターミナルに **06** のコマンドを入力して、collectstaticを実行しましょう。Type 'yes' to continue, or 'no' to cancel:と表示されたら「yes」を入力してください。

06 ターミナル

```
$ python manage.py collectstatic

You have requested to collect static files at the destination
location as specified in your settings.

This will overwrite existing files!
Are you sure you want to do this?

Type 'yes' to continue, or 'no' to cancel: yes
```

collectstaticが実行できたら、S3の管理画面にアクセスしましょう **07** 。これ以降、タイムラインなどからアップロードした画像などはS3内に保存されるようになります。

07 S3の管理画面

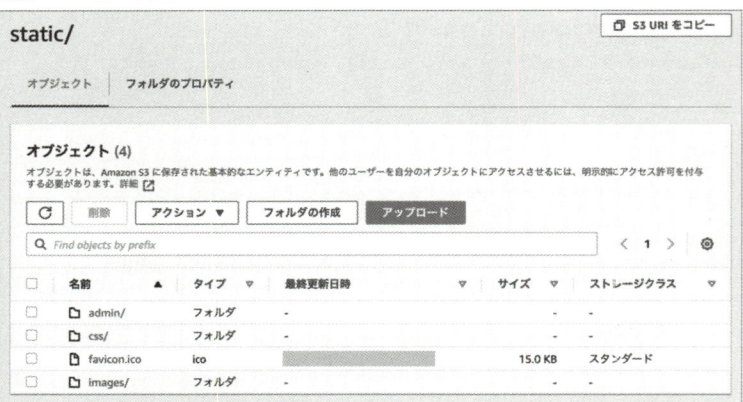

デプロイに挑戦しよう

01 EC2とRDSについて学ぼう

02 Elastic Beanstalkで行うデプロイ

EC2とRDSについて学ぼう

01

AWSでWebアプリケーションをデプロイする場合、EC2、RDS、S3を合わせて使用するのが一般的です。ここでは、EC2とRDSについて学びましょう。

EC2について

Amazon EC2（以下EC2）は、仮想サーバ構築のクラウドサービスです。スケーラビリティやセキュリティにも強く、多くの現場で利用されています。WebアプリケーションのデプロイでEC2にNGINX（エンジンエックス）やApache（アパッチ）と呼ばれるWebサーバ用のソフトウェアをインストールして使用します。今回はNGINXを使用します。なお、本書ではEC2、またNGINXやApacheに関する解説は省略しますが、別途学習されることをお勧めします。

MEMO
EC2
https://aws.amazon.
com/jp/ec2/

MEMO
NGINX
https://www.nginx.
co.jp/

MEMO
Apache
https://httpd.apache.
org/

WSGIについて

Djangoで開発されたWebアプリケーションを本番環境にデプロイする際は、これまでのようにrunserverを実行する必要はありません。Web Server Gateway Interface（以下WSGI）という、Pythonで使用するWebサーバとWebアプリケーションをつなぐインターフェースを使用します。WSGIはNGINXやApacheに対応しており、のちほどDjangoとNGINXをつなぐ設定をします。

RDSについて

　RDSは、リレーショナルデータベースを提供するサービスです `01` 。開発
環境ではSQLite3を使用していましたが、SOLiteには同時実行制御に問題
があるため本番環境での使用は望ましくありません。そこで本書では
PostgreSQLを使用します `02` 。

`01` RDS

`02` PostgreSQL

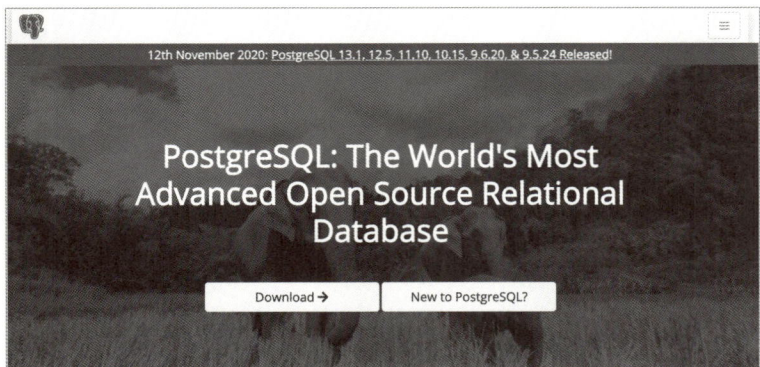

MEMO
Amazon RDS
https://aws.amazon.
com/jp/rds/

MEMO
PostgreSQL
https://www.postgresql
.org/

Elastic Beanstalkで行うデプロイ

02

AWS Elastic Beanstalk（以下Elastic Beanstalk）を使用することで、NGINXやデータベース設定などのデプロイ作業を効率化できます。

Elastic Beanstalkの活用

デプロイを行うにはNGINXなどのWebサーバ、さらにデータベースなど幅広い知識が必要です。本書では定番の構成をまとめて実行してくれるElastic Beanstalkを使用してデプロイを行います。Elastic BeanstalkはDjangoアプリケーションをデプロイするための環境です。EC2ではNGINX、RDSではPostgreSQLを使用しますが、それぞれゼロから環境を用意して設定するのは大変です。Elastic Beanstalkを使うことで、ターミナルと管理画面からシンプルな操作を行うことでデプロイ可能です。

それでは、作業を進めていきましょう。ここでは東京リージョンを前提にします。まず、Elastic Beanstalkのページへアクセスします。AWS管理画面の検索ボックスで「elastic beanstalk」と入力して検索し、ページにアクセスしましょう 01 。

MEMO
AWS Elastic Beanstalk
https://aws.amazon
.com/jp/elasticbeans
talk/

MEMO
「東京リージョン」はAWSのデータセンターが東京を拠点とする領域のことです。

01 elastic beanstalkの検索

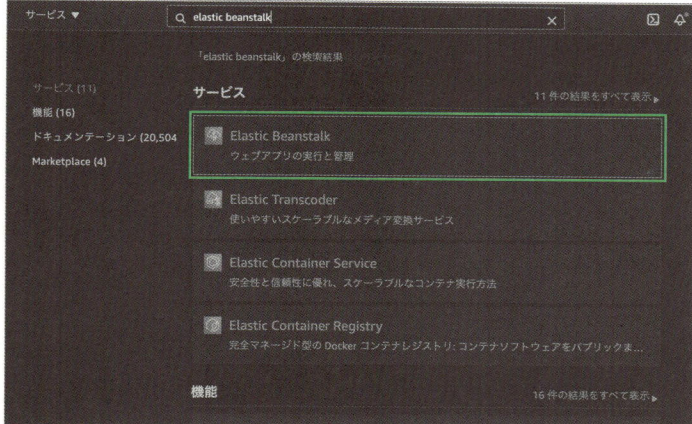

次に、[Create Application]をクリックします **02** 。

02

　表示される画面はユーザーによって異なる場合があるので、注意しましょう。 **03** の画面が表示される場合は、「ウェブサーバー環境」を選択し、[選択]ボタンをクリックします。

03 環境枠の選択

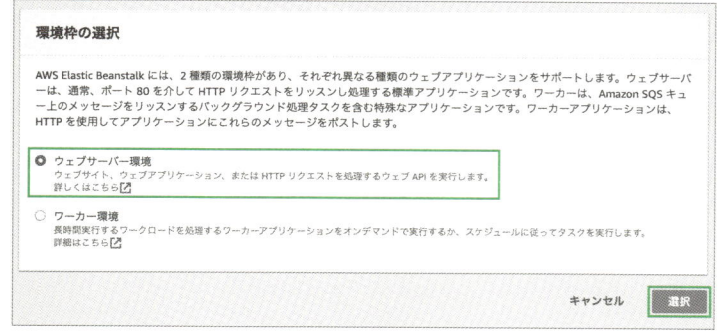

次に、 **04** の画面で任意のアプリケーション名を入力します。今回は「posii」と入力します。

04 アプリケーション名の入力

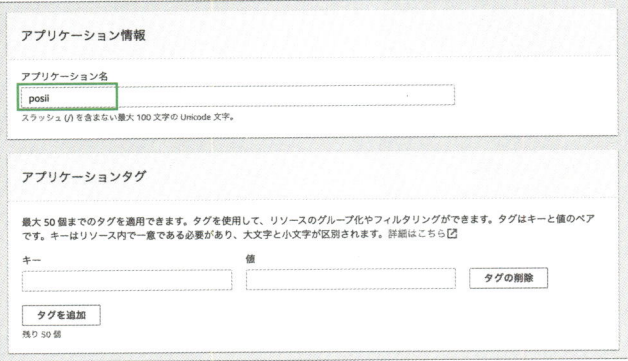

環境名の入力が表示される場合は、入力してください **05** 。

05 環境名の入力

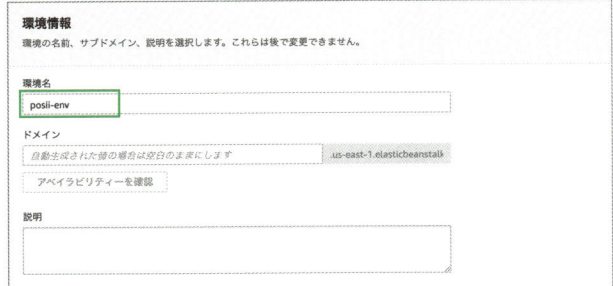

プラットフォームを「Python」、プラットフォームのブランチを「Python 3.7 running on 64bit Amazon Linux 2」、プラットフォームのバージョンを「3.1.5（Recommended）」に設定します **06** 。

06 プラットフォーム

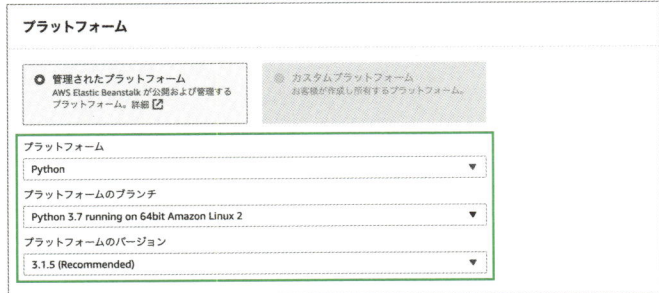

最後に、アプリケーションコードの項目では「サンプルアプリケーション」を
選択し、[環境の作成] もしくは [アプリケーションの作成] ボタンをクリックしま
す 07 。環境の設定が終わるまで時間がかかりますが、しばらく待ちましょう。

07 アプリケーションコード

次は、Cloud9に戻ります。ターミナルからデプロイします。今回は事前に
インストール済みですが、Elastic Beanstalkの使用にはAWS CLI v2のイ
ンストールが必要です。 08 のコマンドでインストールできます。

08 ターミナル (参考)

```
$ pip install awscli==3.19.3
```

ターミナルに 09 のコマンドを入力して初期設定を始めましょう。まずは、
リージョンを選択します。ここでは東京リージョンを選択するため、「9」と入力
します。

09 ターミナル

```
$ eb init

Select a default region
1) us-east-1 : US East (N. Virginia)
2) us-west-1 : US West (N. California)
3) us-west-2 : US West (Oregon)
4) eu-west-1 : EU (Ireland)
5) eu-central-1 : EU (Frankfurt)
6) ap-south-1 : Asia Pacific (Mumbai)
7) ap-southeast-1 : Asia Pacific (Singapore)
8) ap-southeast-2 : Asia Pacific (Sydney)
9) ap-northeast-1 : Asia Pacific (Tokyo)
10) ap-northeast-2 : Asia Pacific (Seoul)
11) sa-east-1 : South America (Sao Paulo)
```

```
12) cn-north-1 : China (Beijing)
13) cn-northwest-1 : China (Ningxia)
14) us-east-2 : US East (Ohio)
15) ca-central-1 : Canada (Central)
16) eu-west-2 : EU (London)
17) eu-west-3 : EU (Paris)
18) eu-north-1 : EU (Stockholm)
19) eu-south-1 : EU (Milano)
20) ap-east-1 : Asia Pacific (Hong Kong)
21) me-south-1 : Middle East (Bahrain)
22) af-south-1 : Africa (Cape Town)
(default is 3): 9
```

　10 の画面が表示されたら、先ほど作成したアプリケーションの番号を入力します。今回は「1」と入力します。

　入力が完了すると、**11** のようなメッセージが表示される場合があります。ここでは無視してかまいません。

10 ターミナル

```
Select an application to use
1) posii-env
2) [ Create new Application ]
(default is 2): 1
```

11 ターミナル（参考）

```
Cannot setup CodeCommit because there is no Source
Control setup, continuing with initialization
```

　次に、**12** のコマンドを入力してください。環境に関する詳細な情報が表示されますが、CNAMEの箇所を確認しましょう。

12 ターミナル

```
$ eb status
Environment details for: posii

…省略…
```

```
    CNAME:  ホスト名

 …省略…
```

CNAMEに書かれていたホスト名をsettings.pyに設定します。 **13** のように編集してください。

13 config/settings.py

```
 …省略…

ALLOWED_HOSTS = ['ホスト名']

 …省略…
```

最後にデプロイです。 **14** のコマンドを入力してください。デプロイには少し時間がかかります。エラーメッセージなどが表示されない限り、ターミナルには処理が終わるまで何も入力しないでください。

14 ターミナル

```
$ eb deploy
```

http://ホスト名/にブラウザからアクセスして、POSIIが表示されているか確認しましょう。表示されていれば、デプロイ成功です。

▼ RDSのデータベースを使おう

次に、RDSでデータベースを使用するための設定をします。Elastic Beanstalkのページにアクセスしましょう。

環境一覧が表示されるので、先ほど作成した「posii」を選択してください **15** 。

`15` 環境一覧

すべての環境

🔍 表示値に一致する結果をフィルタリング

環境名 ▲	ヘルス ▽	アプリケーション名 ▽
○ posii	Ok	posii

次に、画面左の「設定」をクリックしてください `16` 。

`16`

▼ **posii**

　環境に移動する ⤴

　設定

　ログ

　ヘルス

　モニタリング

　アラーム

　マネージドアップデート

　イベント

　タグ

データベースの［編集］ボタンをクリックしてください `17` 。

`17`

モニタリング	CloudWatch のカスタムメトリクス-インスタンス: CloudWatch のカスタムメトリクス-環境: HTTP 4xx を無視: 無効 システム: 拡張 ヘルスイベントログのストリーミング: 無効 ヘルスチェックパス: 空白 ロードバランサー 4xx を無視: 無効	編集
マネージド更新	管理された更新: 無効	編集
通知	E メール: --	編集
ネットワーク	この環境は VPC の一部ではありません。	
データベース		編集

　エンジンをpostgresに変更し、ユーザー名とパスワードを入力しましょう。ここではユーザー名は「posii」とします。入力後［適用］ボタンをクリックしてください `18` 。

18 ユーザー名とパスワードの入力

データベース設定

環境のデータベースのエンジンとインスタンスタイプを選択します。

エンジン

postgres

エンジンバージョン

12.4

インスタンスクラス

db.t2.micro

ストレージ

5 GB ～ 1024 GB を入力します。

5

ユーザー名

poii

パスワード

••••••••••••••••••••••

保持期間

スナップショットの作成

環境を終了すると、データベースインスタンスも終了します。[スナップショットの作成]を選択し、終了前にデータベースのスナップショットを保存します。スナップショットには標準ストレージ料金がかかります。

アベイラビリティー

低(1 つの AZ)

キャンセル　続行　**適用**

　再び画面左の「設定」をクリックし、先ほどのデータベースの箇所を確認しましょう。設定が完了していればエンドポイントが表示されています。ホスト名とポート番号はのちほど使用します。エンドポイントに書かれている.comまでがホスト名、ポート番号は5432となっていますが、ご自身の環境のものを確認しておきましょう。のちほど使用するのでメモをしておきましょう **19** 。

19 データベース箇所の確認

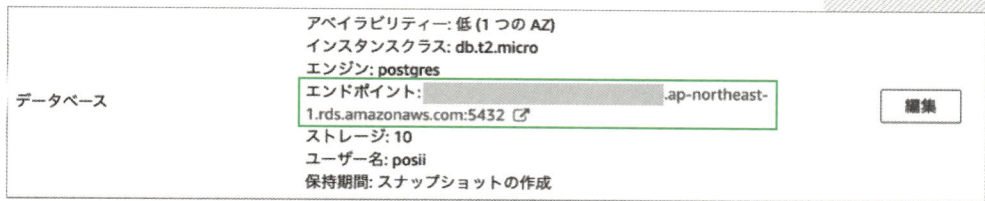

| データベース | アベイラビリティー: 低 (1 つの AZ)
インスタンスクラス: db.t2.micro
エンジン: postgres
エンドポイント: ▮▮▮▮▮▮▮▮ .ap-northeast-
1.rds.amazonaws.com:5432 ⧉
ストレージ: 10
ユーザー名: posii
保持期間: スナップショットの作成 | 編集 |

　次に、同じく設定ページにあるソフトウェアの[編集]ボタンをクリックします **20** 。

20

🔍 オプション名または値を検索する

カテゴリ	オプション	アクション
ソフトウェア	NumProcesses: 1 NumThreads: 15 WSGIPath: config.wsgi:application X-Ray デーモン: 無効 プロキシサーバー: nginx ログのストリーミング: 無効 ログのローテーション: 無効 環境プロパティ: PYTHONPATH	編集

環境プロパティには **21** のように入力しましょう。RDS_HOSTNAMEと RDS_PORTには先ほど設定画面のデータベースの箇所で確認したホスト名 とポート番号、RDS_DB_NAMEには「ebdb」と入力してください。RDS_ USERNAMEとRDS_PASSWORDには、データベース作成時に決めた値を 入力して［適用］ボタンをクリックしてください。

21 環境プロパティ

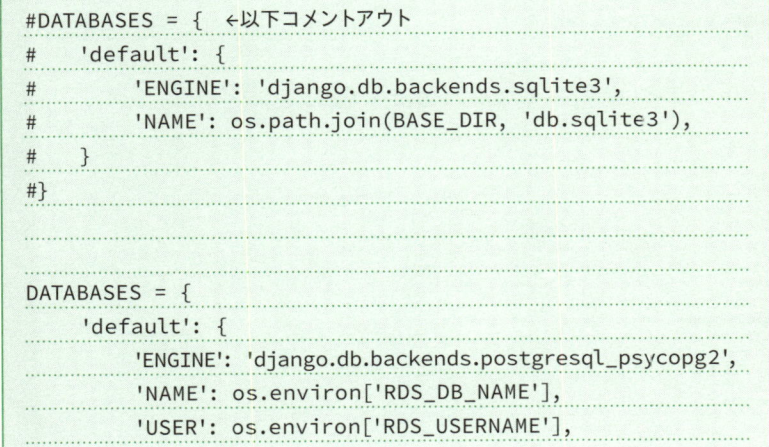

Djangoでもデータベースの設定をしましょう。settings.pyを **22** のよう に編集してください。SQLite3の設定をコメントアウトし、PostgreSQLの設 定はコメントアウトを外します。

22 config/settings.py

```
#DATABASES = {  ←以下コメントアウト
#    'default': {
#        'ENGINE': 'django.db.backends.sqlite3',
#        'NAME': os.path.join(BASE_DIR, 'db.sqlite3'),
#    }
#}


DATABASES = {
    'default': {
        'ENGINE': 'django.db.backends.postgresql_psycopg2',
        'NAME': os.environ['RDS_DB_NAME'],
        'USER': os.environ['RDS_USERNAME'],
```

MEMO

データベースの情報は、set tings.pyに直接記入せず、 環境プロパティに登録して います。S3の情報も同じ ように設定しておくとよい でしょう。

```
        'PASSWORD': os.environ['RDS_PASSWORD'],
        'HOST': os.environ['RDS_HOSTNAME'],
        'PORT': os.environ['RDS_PORT']
    }
}
```

本書ではすでに設定済みですが、PostgreSQLを使用するためにpsycopg2-binaryをインストールする必要があります **23** 。

23 ターミナル (参考)

```
pip install psycopg2-binary==2.8.6
```

先ほどアップロードした隠しファイル内のdjango.configを **24** のように設定しています。django.configでは、configディレクトリ内のwsgi.pyを使用することを指定しています。これによって、Djangoのアプリケーションを Web サーバ上で動かすことができるようになります。

24 .ebextensions/django.config (参考)

```
option_settings:
    aws:elasticbeanstalk:container:python:
        WSGIPath: config.wsgi:application
```

db-migrate.configも **25** のように設定しています。このファイルではマイグレート処理の指定をしており、PostgreSQLを使用できるようにしています。

25 .ebextensions/db-migrate.config (参考)

```
container_commands:
    01_migrate:
        command: "source /var/app/venv/*/bin/activate && python3 manage.
py migrate"
        leader_only: true
```

　これで、Elastic Beanstalkの設定は終わりました。

　デプロイして、ブラウザで確認してみましょう **26**。POSIIが問題なく動作すれば、データベースの設定は完了です。

26 ターミナル

```
$ eb deploy
```

ドメイン購入とSSLの設定

01 Route 53でドメインを取得しよう

Route 53でドメインを取得しよう

01

本書でのデプロイも最終工程です。AWS Route 53からドメインを取得して、SSL化（https）しましょう。

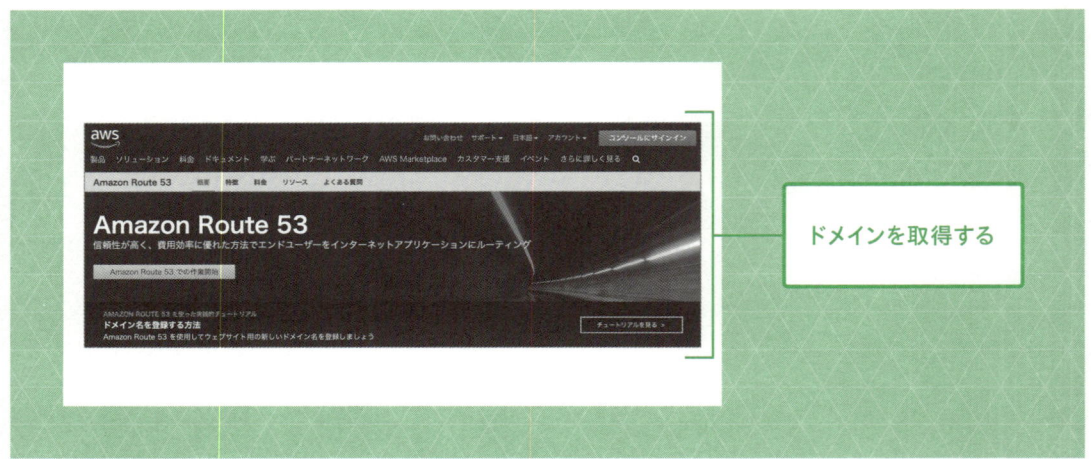

ドメインを取得する

▼ Route 53を利用する

　デプロイの最後に、独自ドメインを取得します。独自ドメインとは、オリジナルのドメインのことです。ここでは、ドメインネームWebサービスのAWS Route 53（以下Route 53）からドメインを取得します。

　AWSの画面上部の検索ボックスに「Route 53」と入力して検索し、アクセスしましょう `01` 。

MEMO
AWS Route 53
https://aws.amazon.com
/jp/route53/

`01` Route 53を検索

　ドメインの登録から希望のドメインを入力して、［チェック］をクリックしてください `02` 。

02 ドメインの登録

ドメインの登録

使用可能なドメインまたは 既存のドメインの移管 を検索して Route 53 に登録します。

posii-test-domain		チェック

各ラベル (ドット間の各部分) は、最大 63 文字で、a〜z または 0〜9 で始まる必要があります。最
大長: ドットを含めて 255 文字。有効な文字: a〜z、0〜9、- (ハイフン)

ドメインの一覧が表示されます。先ほど入力したドメインにチェックが付い
て選択されていることを確認してください。取得したいドメインの [カートに入
れる] ボタンをクリックします 03 。

03 ドメイン名の選択

ドメイン名の選択

posil-test-domain	.com - $12.00 ▼	チェック

「posii-test-domain.com」の使用可否

ドメイン名	ステータス	料金/1 年	アクション
posii-test-domain.com	✓ 使用可能 - カートに追加済み	$12.00	カートに入れる

関連するドメインの候補

ドメイン名	ステータス	料金/1 年	アクション
isoposiitestdomain.com	✓ 利用可能	$12.00	カートに入れる
mktoposiitestdomain.com	✓ 利用可能	$12.00	カートに入れる
posii-test-domain.info	✓ 利用可能	$12.00	カートに入れる
posii-test-domain.mobi	✓ 利用可能	$12.00	カートに入れる
posii-test-domain.net	✓ 利用可能	$11.00	カートに入れる

ここではposii-test-domain.comが選択されている状態で、[続行] ボタ
ンをクリックします 04 。

04

キャンセル	続行

MEMO

同じドメインは1つしかあ
りません。ドメインの取得
は早い者勝ちなので注意
してください。料金も確認
しておきましょう。

05 の画面が表示されるので、名前や住所等を入力してください。

05 登録者の連絡先

1 ドメインのお問い合わせ詳細

登録者、管理者、および技術的な連絡先の詳細を以下に入力します。特に指定されない限り、すべてのフィールドが必
須です。詳細はこちら

登録者、管理者、および技術的な連絡先はすべて同じです: ◉ はい　○ いいえ

登録者の連絡先

連絡先のタイプ ❶	個人 ▼
名	
姓	
会社名 ❶	*該当しません*
E メール	
電話	+ 1 ・ 3115550188
	国コードと電話番号を入力します
住所 1	

プライバシーの保護は、有効化にチェックを付けて、［続行］ボタンをクリック
してください 06 。

06 プライバシーの保護

プライバシーの保護 ❶

連絡先タイプが個人の場合:

- プライバシー保護により、.com ドメイ
  ンの**一部の**連絡先詳細が非表示になり
  ます。

◉ 有効化　○ 無効化

キャンセル　戻る　続行

ドメインを自動で更新したい場合は有効化、更新の必要がない場合は無効
化にします 07 08 。

07 ドメインの更新

ドメインを自動的に更新しますか?

ユーザーは、登録したドメイン名を 1 年間所有します。ドメイン名の登録を更新しない場合は期限切れとなり、他のユーザ
ーがそのドメイン名を登録できるようになります。毎年、自動的に更新することによって、ドメイン名を確実に保持するこ
とができます。ドメイン名更新のコストはお使いの AWS アカウントに請求されます。Route 53 コンソールを使用して、い
つでも自動更新を有効または無効にできます。詳細については、ドメイン登録の更新を参照してください。

○ 有効化　◉ 無効化

08 規約

規約

Amazon Route 53 では、AWS アカウントを使用してドメイン名を登録し、移管することができます。ただし、AWS はドメイン名レジストラではないため、レジストラアソシエイトが登録および移管サービスを行います。AWS を通じてドメイン名を購入する場合、当社レジストラアソシエイトがドメインを登録します。ドメインのレジストラは、指定された登録者の連絡先と定期的に連絡を取って連絡先の詳細を確認し、登録を更新します。

☑ AWS ドメイン名の登録契約を読んで同意します

メールアドレスの確認が必要です。届いたURLをクリックしてください 09 。

09 メールアドレスの確認

登録者の連絡先の E メールアドレスの確認

E メールが先ほど ▭▭▭▭▭▭ に送信されました。E メール内のリンクをクリックして、当社からお客様に到達可能であることを確認します。E メールの送信元は noreply@registrar.amazon.com です。リンクをクリックしたら、このページに戻って購入を完了します。検証 E メールが他のユーザーに送信される場合、ここでは検証をスキップできます。を参照してください。

最後に［注文を完了］ボタンをクリックすると、ドメインの購入が完了します 10 。

10 ドメインの購入が完了

| キャンセル | 戻る | 注文を完了 |

SSLを設定しよう

POSIIに取得したドメインを反映させ、SSLの設定を行います。
　ここでは、Certicficate Managerを使用して設定を行います。Certificate Managerにアクセスしましょう 11 。

11 Certificate Managerにアクセス

12 の画面が表示された場合は、左の「証明書のプロビジョニング」の［今すぐ始める］ボタンをクリックしてください。

MEMO
acmとは、AWS Certificate Managerの略です。

PART 4 アプリケーションを公開する

12 証明書のプロビジョニング

ここでは「パブリック証明書のリクエスト」を選択します。[証明書のリクエスト]ボタンをクリックしてください **13** 。

13 証明書のリクエスト

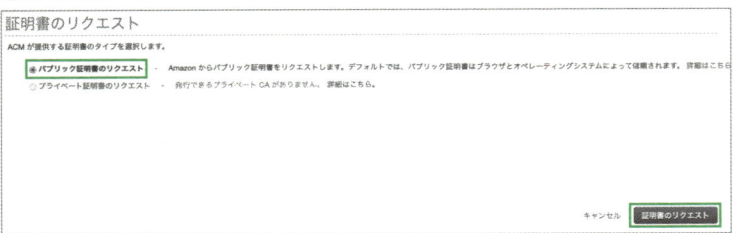

取得したドメイン名を入力しましょう **14** 。

14 ドメイン名の追加

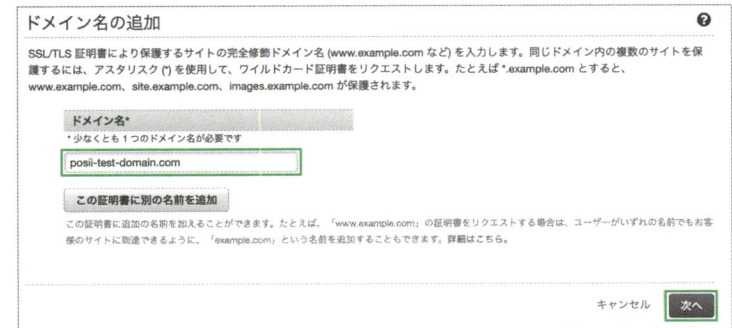

検証方法は「DNSの検証」を選択して、[次へ] ボタンをクリックしてください 15 。

15 検証方法の選択

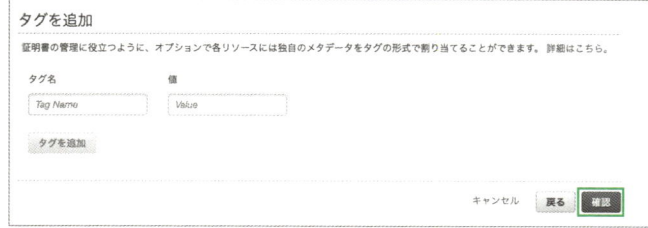

タグ名と値は未記入でかまいません。[確認] ボタンをクリックして次に進みましょう 16 。

16 タグを追加

[確定とリクエスト] ボタンをクリックしてください 17 。

17 選択内容の確認

証明書の一覧ページに「検証保留中」として登録したドメインが表示されています。ドメインの▶をクリックしてコンテンツを確認しましょう **18**。

18

ドメイン	検証状態
▶ **posii-test-domain.com**	検証保留中

⬇DNS 設定をファイルにエクスポート　　すべての CNAME レコードをファイルにエクスポート

「Route 53でのレコードの作成」をクリックして、[作成] ボタンをクリックしてください **19**。

19

Route 53 でのレコードの作成	×

以下はドメイン検証のための DNS レコードです。以下の [作成] をクリックして、Route 53 ホストゾーンでレコードを作成します。

ホストゾーン　　posii-test-domain.com.

名前	種類	値
.posii-test-domain.com.	CNAME	.aws.

キャンセル　作成

成功すると **20** の画面が表示されます。反映されるまで時間がかかることがあります。

20 **成功**

> ✔ **成功**
> DNS レコードは Route 53 ホストゾーンに書き込まれました。変更が反映され、AWS がドメインを検証して証明書を発行するまでに最大で 30 分以上かかる場合があります。

完了後は **21** のように「発行済み」と表示されます。

21 **発行済み**

状況 ▾
発行済み

Elastic Beanstalkで設定しよう

再びElastic Beanstalkへアクセスしましょう。画面左の「設定」をクリックし、ロードバランサーの［編集］ボタンをクリックしてください。続いて、リスナーという項目にある［リスナーの追加］ボタンをクリックしてください 。

22

Classic Load Balanceが表示された場合は、リスナーポートは「443」、リスナープロトコルは「HTTPS」、インスタンスのポートは「80」、インスタンスのプロトコルに「HTTPS」と、それぞれ入力と選択をしましょう。SSL証明書には先ほど発行した証明書を選択して、［追加］ボタンをクリックしてください **23** 。

23 ELBリスナー

Application Load Balancerが表示された場合は、 24 のように設定してください。

24 ALBリスナー

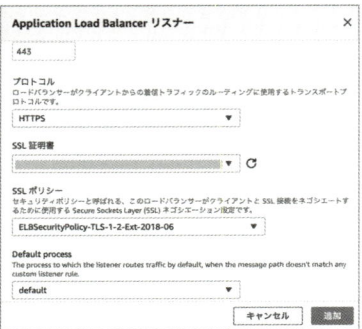

設定が完了したら、一番下の［適用］ボタンをクリックしてください 25 。

25

次に、Route 53のページに移動します 26 。「ホストゾーン」をクリックし、登録済みドメインを確認してください。

26 Route 53

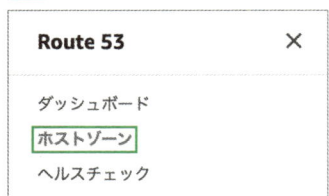

SSLの設定を行うドメインをクリックしてください 27 。

27

28 の画面で、［レコードを作成］ボタンをクリックし、レコードを作成します。

28

29 のようにレコードを保存しましょう。エイリアスを有効にすると、トラフィックのルーティング先でElastic Beanstalk 環境へのエイリアスが選択できるようになります。「トラフィックのルーティング先」でリージョンとElastic Beanstalkの環境を選択してください。選択ができたら、［レコードを作成］ボタンをクリックしてください。

29 レコードの作成

ホスト名を登録したドメインに設定しましょう。settings.pyを 30 のように編集してください。ALLOWED_HOSTSにドメイン名を記入し、SSLの設定のコメントアウトを外します。

30 config/settings.py

```
ALLOWED_HOSTS = ['ドメイン名']

…省略…

SECURE_PROXY_SSL_HEADER = ('HTTP_X_FORWARDED_PROTO', 'https')
SECURE_SSL_REDIRECT = True
SESSION_COOKIE_SECURE = True
CSRF_COOKIE_SECURE = True
```

編集を反映するためにデプロイします **31** 。

31 ターミナル

```
$ eb deploy
```

https://ドメイン名/でページにアクセスできるようになりました **32** 。

32 ログイン画面

APPENDIX

01 Pythonのインストール Windows10編

02 Pythonのインストール Mac編

03 テキストエディタとIDE

04 Cloud9のユーザー認証と環境の削除

05 管理画面をカスタマイズする

06 Django Debug Toolbar

07 初めてのDjango REST framework

08 Linuxコマンド一覧

01 Pythonのインストール Windows10編

　ローカル環境でPythonをインストールする方法をご紹介します。WindowsとMacではインストールの方法が異なるので注意しましょう。

　Windowsをお使いの方は、`01` のURLのPython公式サイトからインストーラをダウンロードしましょう `02` 。

`01` Pythonのインストーラをダウンロードする

```
https://www.python.org/downloads/windows/
```

`02`

Note that Python 3.7.9 *cannot* be used on Windows XP or earlier.

- Download Windows help file
- Download Windows x86-64 embeddable zip file
- Download Windows x86-64 executable installer
- Download Windows x86-64 web-based installer
- Download Windows x86 embeddable zip file
- Download Windows x86 executable installer
- Download Windows x86 web-based installer

Python 3.6.12 - Aug. 17, 2020

Note that Python 3.6.12 *cannot* be used on Windows XP or earlier.

- No files for this release.

Python 3.8.5 - July 20, 2020

Note that Python 3.8.5 *cannot* be used on Windows XP or earlier.

- Download Windows help file
- Download Windows x86-64 embeddable zip file
- Download Windows x86-64 executable installer
- Download Windows x86-64 web-based installer
- Download Windows x86 embeddable zip file
- Download Windows x86 executable installer
- Download Windows x86 web-based installer

Python 3.8.4 - July 13, 2020

Note that Python 3.8.4 *cannot* be used on Windows XP or earlier.

- Python 3.5.10rc1 - Aug. 22, 2020
  - No files for this release.
- Python 3.9.0rc1 - Aug. 11, 2020
  - Download Windows help file
  - Download Windows x86-64 embeddable zip file
  - Download Windows x86-64 executable installer
  - Download Windows x86-64 web-based installer
  - Download Windows x86 embeddable zip file
  - Download Windows x86 executable installer
  - Download Windows x86 web-based installer
- Python 3.9.0b5 - July 20, 2020
  - Download Windows help file
  - Download Windows x86-64 embeddable zip file
  - Download Windows x86-64 executable installer
  - Download Windows x86-64 web-based installer
  - Download Windows x86 embeddable zip file
  - Download Windows x86 executable installer
  - Download Windows x86 web-based installer
- Python 3.9.0b4 - July 3, 2020
  - Download Windows help file
  - Download Windows x86-64 embeddable zip file
  - Download Windows x86-64 executable installer
  - Download Windows x86-64 web-based installer
  - Download Windows x86 embeddable zip file

　3.7.9のインストーラをダウンロードしましょう。OSが64bit版の方はWindows x86-64 executable installer、32bit版の方はWindows x86 executable installerをクリックしてダウンロードしてください。

　ダウンロードしたファイルを開き、Add Python 3.7 to PATHにチェックを付けて、[Install Now]をクリックしてください `03` 。

03 Pythonをインストールする

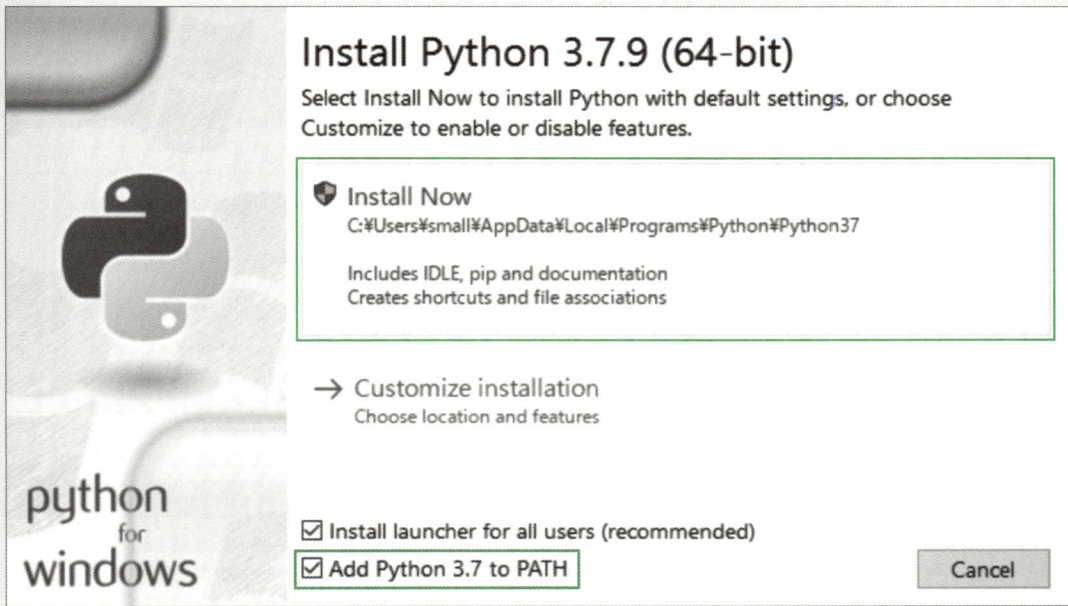

　インストール完了後、コマンドプロンプトからPythonが利用できます。コマンドプロンプトを開いて、「python」と入力しましょう。>>>の右側にPythonのプログラムを入力することができます。**04** のようにprint関数を書いてみましょう。

04 コマンドプロンプト

```
python
>>> print("Hello world!")
Hello, world!
```

Pythonのプログラムが動作していることが確認できました。
Pythonを終了する際は、**05** のコマンドを入力しましょう。

05 コマンドプロンプト

```
>>> exit()
```

02 Pythonのインストール Mac編

MacではHomebrewというツール使うことで、Pythonを簡単にインストールすることができます。本書ではHomebrewを使用した方法をご紹介します。

`01` のURLからHomebrewにアクセスしてください `02` 。

`01`

```
https://brew.sh/index_ja
```

`02` Homebrew

コマンドが表示されているので、コピーしてください。ターミナルを立ち上げ、コピーしたコマンドをターミナルにペーストしましょう `03` 。

`03` ターミナル

```
$ /bin/bash -c "$(curl -fsSL https://raw.githubusercontent.com/Homebrew/
install/HEAD/install.sh)"
```

コマンドを入力すると、Homebrewのインストールが行われます。Homebrewのインストールが完了したら、ターミナルに `04` のコマンドを入力してPythonのインストールをしましょう。

04 ターミナル

```
$ brew install python
```

インストール完了後、ターミナルからPythonが利用できます。ターミナルを開いて、「python」と入力しましょう。>>>の右側にPythonのプログラムを入力することができます。 **05** のようにprint関数を書いてみましょう。

05 ターミナル

```
$ python
>>> print("Hello world!")
Hello, world!
```

Pythonを終了する際は、 **06** のコマンドを入力しましょう。

06 ターミナル

```
>>> exit()
```

03 テキストエディタとIDE

　ローカル環境でのプログラミングに欠かせないのが、テキストを書いたり、保存したりするテキストエディタや、統合開発環境のIDEです。プログラミングに特化したテキストエディタやIDEには、プログラムの自動補完機能など便利な機能があるため、コーディングを効率的に進めることができます。また、プラグインをインストールして機能を追加したり、カスタマイズしたりすることもできます。

　ここでは、代表的なテキストエディタとIDEを紹介します。無料で利用できるので、ぜひ活用してみましょう。

Sublime Text

　Sublime Textは初心者にも使いやすいシンプルさが魅力のテキストエディタです 01 。カスタマイズも柔軟にでききます。

https://www.sublimetext.com/

01 Sublime Text

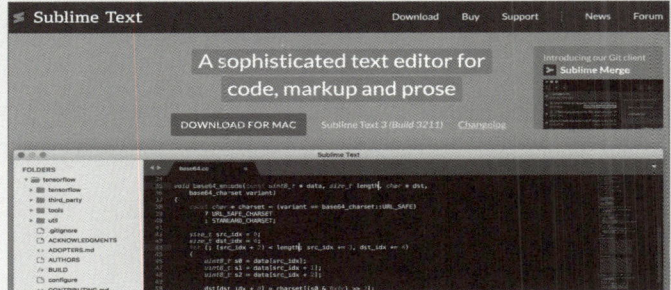

Visual Studio Code

　MicrosoftのVisual Studio Codeは動作が軽く非常に多機能です 02 。ターミナル操作やリモート開発にも利用できるため、初心者だけでなく中〜上級者にもお勧めです。Facebookが社内で使用したことも話題となりました。

https://code.visualstudio.com/

02 Visual Studio Code

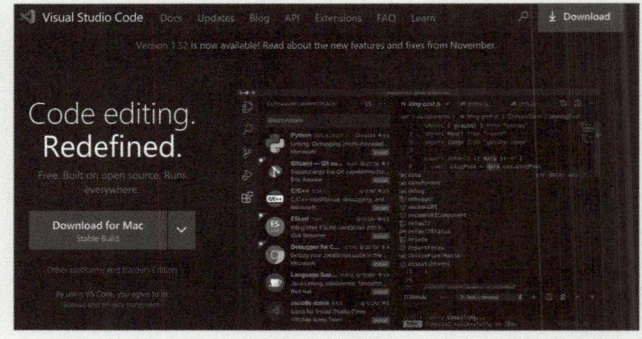

PyCharm

　PyCharmはPythonに特化したIDEです 03 。有料版でしか利用できない機能もありますが、無料版でもPythonのコーディングがサポートされているので、まずは試してみるとよいでしょう。

https://www.jetbrains.com/ja-jp/pycharm/

03 PyCharm

04 Cloud9のユーザー認証と環境の削除

AWSアカウントのルートユーザー認証情報とIAMユーザー認証情報の違い

AWSには、アカウント所有者（ルートユーザー）とIAM（AWS Identity and Access Management）ユーザーがあります。ルートユーザーはAWSのアカウント作成時に作成され、IAMユーザーはルートユーザーまたはアカウントのIAM管理者によって作成されます。すべてのAWSユーザーは、セキュリティ認証情報を持っています。

ルートユーザー認証情報によってアカウント内のすべてにアクセスが許可されますが、IAMでは、ユーザー向けのAWSサービスとリソースへのアクセスを安全に制御できます。

詳しくは、下記URLのリファレンスガイドを参照してください。

https://docs.aws.amazon.com/ja_jp/general/latest/gr/root-vs-iam.html

Cloud9を削除する手順

ここでは、Cloud9の環境を削除する手順を説明します。本書では、PART2からPART4とAppendixでCloud9を利用しています。Cloud9でエラーが発生した際、一度環境を削除して［Create Environment］ボタンから改めて環境を再構築すると、早く問題が解決することがあります。

まず、Cloud9のページを開きます。AWS管理画面の上部から「cloud9」と検索してページを開きましょう 01 。

01

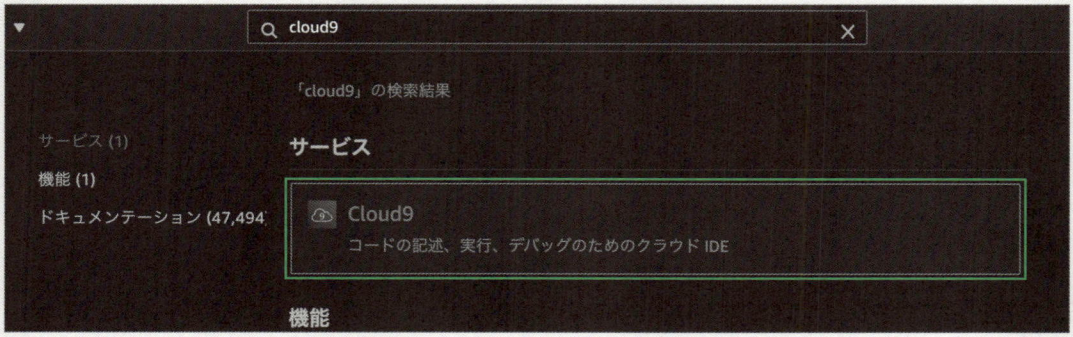

環境名が表示されたら、右側にあるラジオボタンをクリックして、選択します。ここではPART2が選択されていますが、この状態で［Delete］ボタンをクリックします。

02

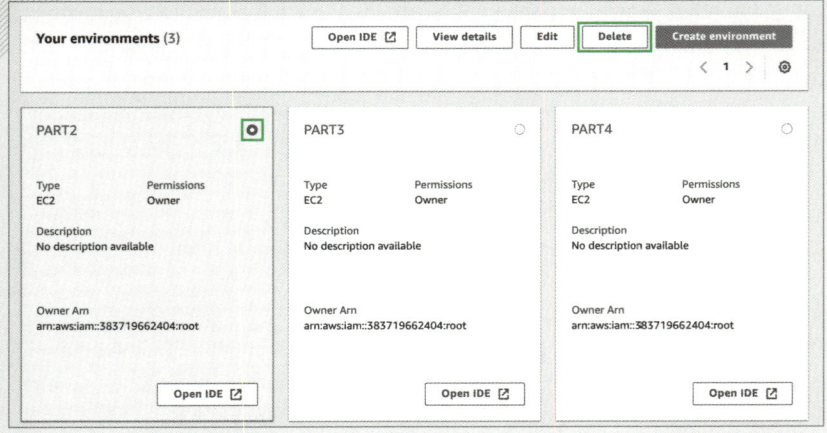

03 の画面が表示されたら、テキストボックスに「Delete」と入力して［Delete］ボタンをクリックすると、環境が削除されます。

03

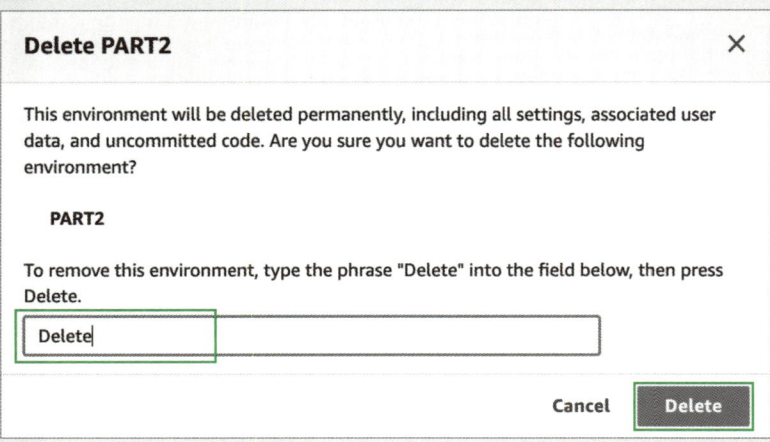

05 管理画面をカスタマイズする

Djangoでは管理画面が最初から用意されていますが、より使いやすくなるようカスタマイズをしてみましょう。

Jazzminを使ってみよう

Djangoの管理画面のデザインを変えてみましょう。Jazzmin（https://django-jazzmin.readthedocs.io/）を使うとスタイリッシュな管理画面にできます。

まずはJazzminをインストールするために、ターミナルから `01` のコマンドを入力してください。

`01` ターミナル

```
$ pip install django-jazzmin==2.4.4
```

settings.pyを `02` のように編集しましょう。INSTALLED_APPSにjazzminと追記すると、管理画面のデザインが変わります。ブラウザでアクセスして（https://ホスト名/admin/）、確認しましょう `03` 。

`02` config/settings.py

```
・・・省略・・・

INSTALLED_APPS = [
    'jazzmin',

・・・省略・・・

]

・・・省略・・・
```

`03`

ログインすると、 **04** の画面が表示されます。

04

機能を追加してみよう

Model.Adminを継承することで機能を追加することができます。PART2のArticleモデルを使用して、管理画面にキーワード検索機能を追加してみましょう。admin.pyを **05** のように編集してください。

05 first_app/admin.py

```python
from django.contrib import admin
from .models import Article

class ArticleAdmin(admin.ModelAdmin):
    search_fields = ['content']



admin.site.register(Article, ArticleAdmin)
```

ファイルを編集後、管理画面を確認してみましょう **06** 。検索ボックスが表示されていますね。

06

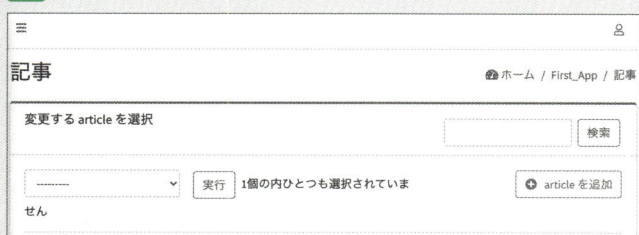

権限を分けてみよう

管理画面にログインするユーザーごとに権限を設定することができます。例えば、管理者は「すべてのデー

タにアクセスできる」権限があり、投稿者（ライター）は「記事の閲覧、作成、編集はできても削除を禁止する」、校正者（エディター）は「閲覧と編集のみできる」というように、ユーザーの役割によって権限を分けると実務でも便利です。

　まず、新たなユーザーを作成します。画面左のメニューから［ユーザー］を選択し、［ユーザーを追加］ボタンをクリックしてください **07** 。

07 ユーザー作成

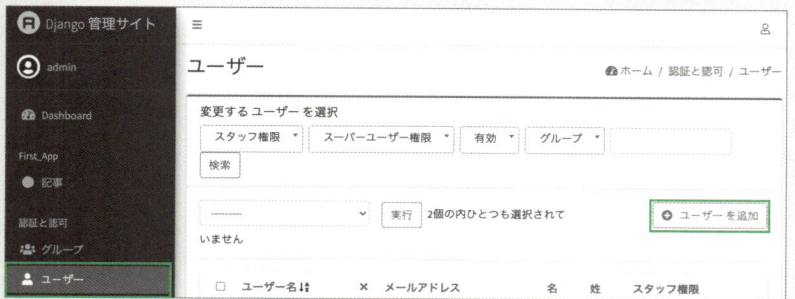

　ユーザー名とパスワードを入力します。ここではユーザー名は「editor」としています。入力が終わったら、［保存］ボタンをクリックしてください **08** 。

08

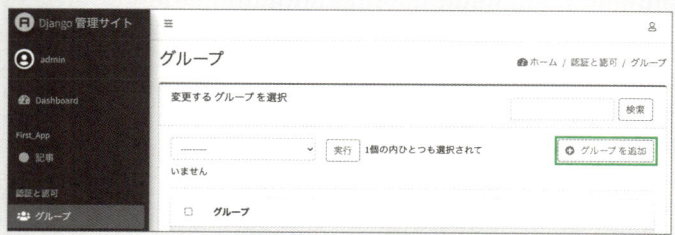

　次に、画面左のメニューから［グループ］を選択し、［グループを追加］ボタンをクリックします **09** 。

09 グループ追加

　グループ名をeditorgroupにしてください。選択されたパーミッションを 10 のように入力します。記事の閲覧と編集のみを許可するよう設定しています。

　再び、画面左のメニューからユーザーを選択して、先ほど作成した「editor」をクリックしてください。 11 のように、「有効」と「スタッフ権限」にチェックを付けてください。また、グループはeditorgroupを選択して［保存］ボタンをクリックしてください。

10

11

　一度ログアウトして、再度editorでログインしてみましょう。左のメニューからグループとユーザーが消え、利用できる機能は記事だけに限定されています 12 。

12

　記事のページにアクセスしてみましょう。

　作成や削除はできず、閲覧と保存しかできなくなりました 13 。

13 記事ページ

06 Django Debug Toolbar

Django Debug Toolbarを使ってみよう

Django Debug Toolbar (https://django-debug-toolbar.readthedocs.io/) を導入すると、デバッグを効率的に行うことができます。settings.pyの値、ライブラリのバージョン、SQLなどをリアルタイムで確認することができます。

まず、Django Debug Toolbarをインストールします。ターミナルに 01 のコマンドを入力しましょう。

01 ターミナル

```
$ pip install django-debug-toolbar==3.2
```

settings.pyは 02 のように編集します。

02 config/settings.py

```
INSTALLED_APPS = [

・・・省略・・・

    'debug_toolbar',
]

MIDDLEWARE = [

・・・省略・・・

    'debug_toolbar.middleware.DebugToolbarMiddleware',
]

・・・省略・・・

INTERNAL_IPS = ['127.0.0.1']

DEBUG_TOOLBAR_CONFIG = {
    "SHOW_TOOLBAR_CALLBACK" : lambda request: True,
}
```

config/urls.pyは 03 のように編集します。

03 config/urls.py

```
・・・省略・・・

from . import settings

・・・省略・・・

if settings.DEBUG:
    import debug_toolbar
    urlpatterns = [
        path('__debug__/', include(debug_toolbar.urls)),
    ] + urlpatterns
```

Django Debug Toolbarの設定が完了すると、右側のメニューからさまざまな情報を確認することができます 04 。

04

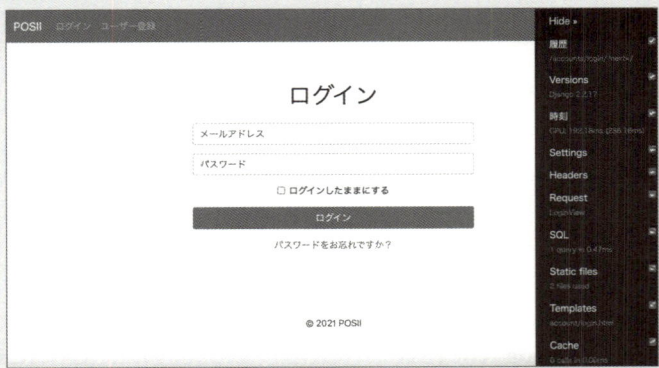

Django Debug Toolを少し使ってみましょう。右側のメニューからTemplatesをクリックすると、使用しているテンプレートの情報を確認できました 05 。

05 テンプレート情報

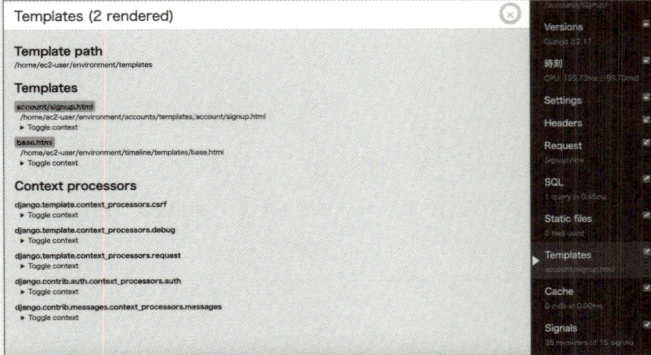

07 初めてのDjango REST framework

Django REST frameworkとは

近年、フロントエンドが JavaScript、バックエンドが Django で開発されるAPIが多くなってきています。本書ではフロントエンドを後述するVue.js（https://jp.vuejs.org/）、バックエンドをDjango REST framework（https://www.django-rest-framework.org/）で開発します **01** 。

01 フロントエンドとバックエンドのイメージ

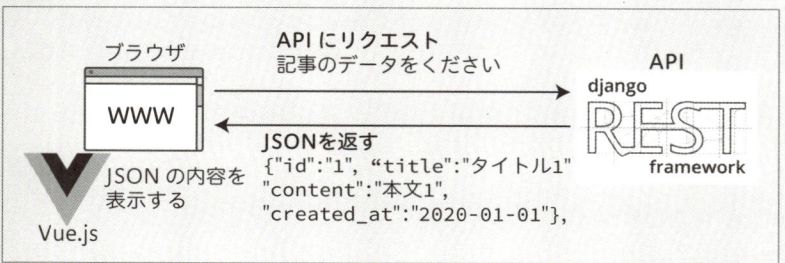

APIにリクエストを送るとJSON形式で値が返されます **02** 。フロントエンドは、このJSON形式のデータを受け取り、画面に表示します。

02 JSON形式の例

```
[
    {"id" : "1", "title" : "タイトル1", "content" : "本文1", "created_at":
"2020-01-01"},
    {"id" : "2", "title" : "タイトル2", "content" : "本文2", "created_at":
"2020-01-01"}
]
```

Django REST frameworkを動かしてみよう

Django REST frameworkはAPIに特化したDjangoのライブラリです。サンプルとして、掲示板サイトとそのAPIのプログラムを用意しています。プログラムをダウンロードして、動かしてみましょう。

まず、Cloud9で環境を作成し、本書のサイトからダウンロードしたファイルをドラッグ＆ドロップして、**03** のようにアップロードしましょう。

03

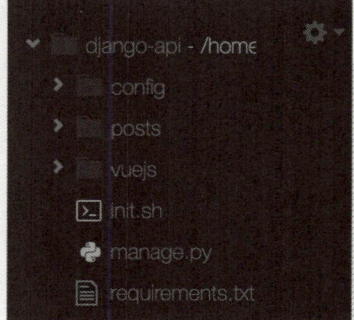

次に、Cloud9でPythonやSQLiteのインストールをしましょう。PART3で学習したシェルスクリプトを使用して環境構築を行います。

init.shのあるディレクトリで `04` のコマンドを入力してください。

`04` ターミナル

```
$ sh init.sh
```

今回は、requirements.txtに記述されたライブラリをインストールすることをシェルスクリプトで指定し、自動的に実行されています。各ライブラリを個別にインストールする場合は、`05` のコマンドを入力してください。

`05` ターミナル (参考)

```
$ pip install django==2.2.17
$ pip install djangorestframework==3.12.2
$ pip install markdown==3.3.3
$ pip install django-filter==2.4.0
$ pip install django-cors-headers==3.6.0
```

環境設定が完了したら、サーバの環境に合わせてHOSTS名を編集しましょう `06` 。

`06` config/settings.py

```
・・・省略・・・

ALLOWED_HOSTS = ['ホスト名']

・・・省略・・・
```

今回は、settings.pyをあらかじめ用意していますが、postsアプリケーションとDjango REST frameworkを使用するために、`07` の箇所を変更しています。

`07` config/settings.py (参考)

```
・・・省略・・・

INSTALLED_APPS = [
    'django.contrib.admin',
    'django.contrib.auth',
```

```
        'django.contrib.contenttypes',
        'django.contrib.sessions',
        'django.contrib.messages',
        'django.contrib.staticfiles',
        'posts',
        'rest_framework',
        'corsheaders',
    ]

MIDDLEWARE = [
        'django.middleware.security.SecurityMiddleware',
        'django.contrib.sessions.middleware.SessionMiddleware',
        'django.middleware.common.CommonMiddleware',
        'django.middleware.csrf.CsrfViewMiddleware',
        'django.contrib.auth.middleware.AuthenticationMiddleware',
        'django.contrib.messages.middleware.MessageMiddleware',
        'django.middleware.clickjacking.XFrameOptionsMiddleware',
        'corsheaders.middleware.CorsMiddleware',
        'django.middleware.common.CommonMiddleware',
    ]

・・・省略・・・


CORS_ORIGIN_ALLOW_ALL = True
CORS_ALLOW_CREDENTIALS = True
```

　なお、APIは外部から自由にアクセスできないよう、通常はアクセスできるサーバを制限しています。django-cors-headersがその機能を担っています。本番環境に公開する際は、django-cors-headers（GIthub）の公式ドキュメント（https://github.com/adamchainz/django-cors-headers）を参考にして設定してみましょう。

　今回は、プロジェクトとアプリケーションはこちらで作成していますが、通常は 08 のように作成します。

08 ターミナル（参考）

```
$ django-admin startproject config .
$ python manage.py startapp posts
```

データベースを利用できるようにマイグレートを実行しましょう ⓿⁹ 。

ターミナル

```
$ python manage.py makemigrations
$ python manage.py migrate
```

　runserverを実行してhttps://ホスト名/api/にアクセスすると、 **10** のページが表示されることを確認してください。このページが表示されれば、APIとしてDjangoを使う準備は完了です。

10

　フロントエンドからAPIにアクセスするので、runserverは起動したままにしてください。

　コードの内容について詳しく解説はしませんが、APIの作成もこれまで学んだDjangoアプリケーションの開発と大きく変わりません。postsディレクトリの中身を確認してみましょう。

　models.pyでは、タイトル（title）、本文（content）、created_at（作成日）を指定しています **11** 。

11 **posts/models.py（参考）**

```python
from django.db import models

class Post(models.Model):
    title = models.CharField(max_length=100)
    content = models.TextField()
    created_at = models.DateField(auto_now_add=True)
```

Django REST Frameworkでは、serializers.pyというファイルを作成します **12** 。モデルからデータを取り出してAPIとして利用するためのファイルだと覚えておきましょう。

12 posts/serializers.py（参考）

```python
from rest_framework import serializers
from .models import Post
class PostSerializer(serializers.ModelSerializer):
    class Meta:
        model = Post
        fields = '__all__'
```

ビューはシリアライザーを読み込んで使用します **13** 。これまで学んだクラス汎用ビューのように作成しています。

13 posts/views.py（参考）

```python
from rest_framework import viewsets
from .models import Post
from .serializers import PostSerializer


class PostViewSet(viewsets.ModelViewSet):
    queryset = Post.objects.all()
    serializer_class = PostSerializer
```

最後に、urls.pyも確認しましょう。views.pyのPostViewSetを読み込み、apiとして利用できるように設定しています **14** 。

14 config/urls.py（参考）

```python
from django.urls import include, path
from rest_framework import routers
from posts import views


router = routers.DefaultRouter()
router.register(r'posts', views.PostViewSet)


urlpatterns = [
    path('admin/', admin.site.urls),
```

```
    path('api/', include(router.urls))
]
```

バックエンドであるDjango REST frameworkのコードは確認できましたね。

Vue.jsのフロントエンドでAPIへアクセスしよう

　続いて、フロントエンドであるVue.jsを見ていきましょう。Vue.jsは本書の対象ではないため詳しい解説は省略しますが、app.jsファイルを編集する必要があります。app.jsの1行目の変数urlにある ' ' 内に「https://ホスト名」を入力して保存してください 15 。

15 vuejs/app.js

```
const url = ''
const postItem = {
    template: '#template-post-item',
    props: {
        post: {
            type: Object,
            required: true,
        },
    },
    methods: {
        onChangePost: function ($event) {
        this.$emit('update:done', $event.target.checked);
        },
    },
};

Vue.createApp({
    components: {
        'post-item': postItem,
    },
    mounted() {
        axios
            .get(`${url}/api/posts/`)
            .then((response) => (this.posts = response.data))
            .catch((error) => console.log(error));
    },
```

```
    data: function () {
        return {
            postTitle: '',
            postContent: '',
            posts: [],
        };
    },
    computed: {
        canCreatePost: function () {
            return this.postTitle !== '';
        },
        hasPosts: function () {
            return this.posts.length > 0;
        },
        resultPosts: function () {
            const hideDonePost = this.hideDonePost;
            return this.posts;
        },
    },
    watch: {
        posts: {
            handler: function (next) {
                window.localStorage.setItem('posts', JSON.stringify(next));
            },
            deep: true,
        },
    },
    methods: {
        createPost: function () {
            if (!this.canCreatePost) {
                return;
            }
            axios.defaults.withCredentials = true;
            axios
                .post(`${url}/api/posts/`, {
                    title: this.postTitle,
                    content: this.postContent,
                })
```

```
            .then((response) => this.posts.push(response.data))
            .catch((error) => console.log(error));

        this.postTitle = '';
        this.postContent = '';
      },
    },
    created: function () {
        const posts = window.localStorage.getItem('posts');

        if (posts) {
            this.posts = JSON.parse(posts);
        }
    },
}).mount('#app')
```

index.htmlとstyle.cssも確認しましょう **16** **17** 。

16 vuejs/index.html（参考）

```html
<!DOCTYPE html>
<html>

<head>
    <meta charset="UTF-8" />
    <title>掲示板</title>
    <link rel="stylesheet" href="style.css" />
    <script src="https://unpkg.com/vue@3.0.0/dist/vue.global.js"></
script>
    <script src="https://unpkg.com/axios/dist/axios.min.js"></script>
</head>

<body>
    <h1>掲示板</h1>
    <div id="app">
        <div class="new-post">
            <div class="new-post-item">
                <input v-model.trim="postTitle" type="text" id="new-
```

```html
post-title" placeholder="タイトル" />
            </div>
            <div class="new-post-item">
                <textarea v-model.trim="postContent" id="new-post-content" placeholder="本文"></textarea>
            </div>

            <div class="new-post-action">
                <form id="form-post" @submit.prevent="createPost">
                    <button type="submit" :disabled="!canCreatePost">作成</button>
                </form>
            </div>
        </div>
        <div>
            <ul name="post-list" v-if="hasPosts" class="post-list">
                <post-item v-for="(post, index) in resultPosts" :key="post.id" :post="post" v-model:done="post.done"></post-item>
            </ul>
            <p v-else>記事が有りません</p>
        </div>
    </div>
    <script type="text/x-template" id="template-post-item">
        <li class="post-item">
            <div class="post-item-content">
                <div class="post-item-date">{{ new Date(post.created_at).getFullYear()+1 + "月" + (new Date(post.created_at).getMonth() + 1) + "月" + new Date(post.created).getDate() + "日"}}</div>
                <h3 class="post-item-title">{{ post.title }}</h3>
                <div v-if="post.content" class="post-item-content">
                    {{ post.content }}
                </div>
            </div>
        </li></script>
    <script src="app.js"></script>
</body>

</html>
```

17 vuejs/style.css（参考）

```css
.post-item {
    transition: opacity 300ms ease, transform 300ms ease;
}

.new-post {
    border: 1px solid #ccc;
    padding: 30px;
}

.new-post-item + .new-post-item {
    margin-top: 15px;
}

.new-post-item {
    display: flex;
}

.new-post-item > label {
    flex-basis: 5em;
}

.new-post-item > input[type='text'],
.new-post-item > textarea {
    flex-grow: 1;
    font-size: inherit;
    border: 1px solid #ccc;
    padding: 0.5em;
}

.new-post-action {
    margin-top: 20px;
}

.new-post-action > form {
    text-align: center;
}
```

```
.post-list {
    padding: 0;
}

.post-item {
    display: flex;
    align-items: center;
    padding: 20px;
}

.post-item + .post-item {
    border-top: 1px solid #ccc;
}

.post-item-content {
    flex-grow: 1;
    margin-left: 15px;
}

.post-item-date {
    font-size: 0.9em;
}

.post-item-title {
    margin: 0.3em 0;
}

.post-item-content {
    background-color: #f0f0f0;
    padding: 1em;
}
```

Cloud9内でフロントエンドのプレビューを立ち上げてみましょう。vuejs内のindex.htmlを右クリックして、［Preview］ボタンをクリックしてください 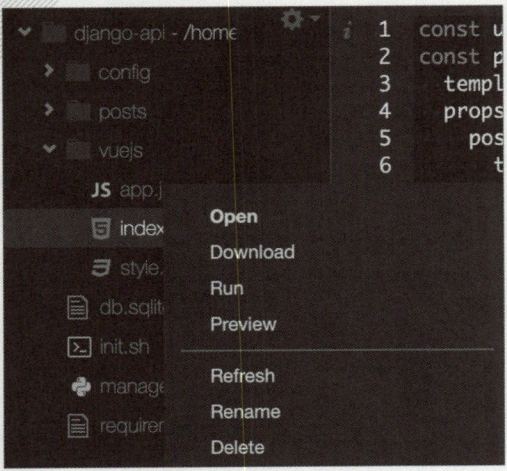 。

18

Cloud9内に 19 のページが表示されます。掲示板に投稿してみましょう。

19

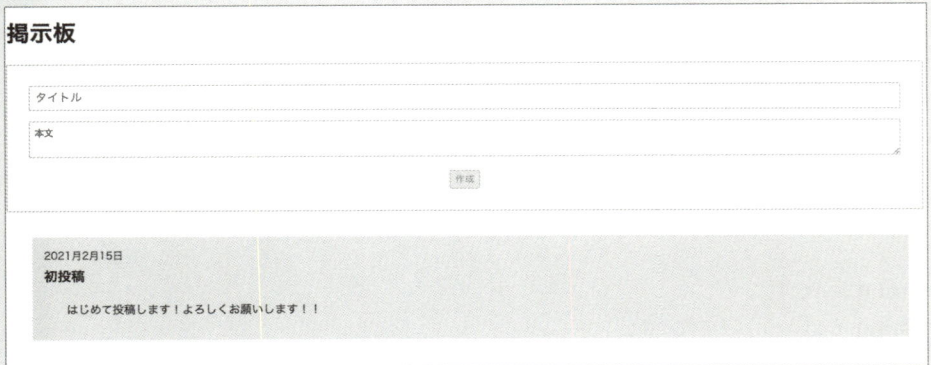

Vue.jsについて詳しく学びたい方は、本書と同じシリーズの「プロフェッショナルWebプログラミング Vue.js」が非常に参考になります。この掲示板もこちらの書籍を参考に作成しています。

08 Linuxコマンド一覧

　基本的なコマンドの一覧です。コマンドやオプションの詳細情報はmanコマンド名を入力して確認してみてください 01 。

01 manコマンドの例（参考）

```
man ls
```

基本的なコマンド

コマンド	オプション	説明	例
pwd	−	現在作業中のディレクトリを表示	pwd
ls	−	現在作業中のディレクトリにあるフォルダやファイルを表示	ls [オプション]
	-a	隠しフォルダを含めて表示	
	-l	詳細情報を表示	
	-t	更新日時の新しい順に表示	
	-r	外オプションの結果の逆順に表示	
cd	−	指定したディレクトリへ移動する	cd {ディレクトリ名}
cp	−	フォルダやファイルをコピーする	cp [オプション] {ディレクトリ名またはファイル名}
	-i	同じ名前のフォルダやファイルがある場合、上書きするか確認する	
	-p	ファイルの属性を維持したままコピーする	
	-r	ディレクトリごとコピーする	
mkdir	−	ディレクトリを作成する	mkdir {ディレクトリ名}
touch	−	空のファイルを作成する	touch {ファイル名}
cat	−	ファイルの内容を表示する	cat [オプション] {ファイル名}
	-n	行番号を一緒に表示する	
rm	−	フォルダやファイルを削除する	rm [オプション] {ディレクトリ名またはファイル名}
	-r	ディレクトリ内の全てを削除する	
	-f	確認せずに実行する	
mv	−	フォルダやファイルを移動する	mv {移動元} {移動先}　名前の変更もできます

基本的なコマンド（続き）

コマンド	オプション	説明	例
grep	–	ファイル内の検索文字列の行を表示する	grep {検索文字列}{ファイル名}
find	–	ディレクトリやファイルを検索する	find {ディレクトリ名またはファイル名}
	-name	指定したファイルを検索する	find . -name {ファイル名}
diff	–	ファイルの差分を表示する	diff {ファイル名}{ファイル名}

権限系のコマンド

コマンド	オプション	説明	例
sudo	–	root（管理者）権限で実行する	sudo {コマンド名}
chmod	–	ディレクトリやファイルのアクセス権限を変更する	chmod [数字]{ディレクトリまたはファイル名}
chown	–	ディレクトリやファイルの所有者を変更する	chown {新しい所有者}{ディレクトリまたはファイル名}
chgrp	–	ディレクトリやファイルの所有グループを変更する	chgrp {新しい所有グループ}{ディレクトリまたはファイル名}
passwd	–	パスワードを変更する	passwd
which	–	コマンドの実行ファイルの場所を表示する	which {コマンド名}
whoami	–	自分のユーザー名を表示する	whoami
hostname	–	ホスト名を表示する	hostname

便利なコマンド

コマンド	オプション	説明	例
man	–	コマンドの使用方法を表示する	man {コマンド名}
clear	–	ターミナル画面をきれいにする	clear
history	–	実施したコマンドの履歴を表示する	history
cal	–	カレンダーを表示する	cal
date	–	現在日時を表示する	date

INDEX

記号

.py 69
== 45

アルファベット

● A
Amazon EC2 262
Amazon RDS 263
Amazon Route 53, 248
Amazon S3 248
and 46
Apache 262
appendメソッド 39
AWS Cloud9 80
AWS Elastic Beanstalk 248, 264

● B
Bootstrap 165
break 53

● C
cd 88
Colab Notebooks 20, 45
config 95
continue 53
CSRF 146
CUI 87

● D
del 39
DeleteView 228
DetaiView 215

● D (right column)
django-allauth 196
Django Debug Toolbar 240, 299
Django REST framework 301

● E
elif 49
else 48

● F
False 45
for 52

● G
GET 144
Google Colaboratory 17
GUI 87
Guido van Rossum 12

● H
HttpResponse関数 110

● I
IAM 251
IDE 292
if 48
import 67
int型 27

● J
Jazzmin 295

● L
LoginRequiredMixin 149, 212
ls 88

INDEX

● M

makemigrationsコマンド 121
mkdir 88
MTV 77

● N

NGINX 262

● O

ORM 75,128

● P

page関数 110
pip 68
pop 39
POST 144
PostgreSqL 263
print関数 21,60
pwd 88
PyCharm 292
Pyenv-Virtualenv 161

● R

range関数 53
return 61
rm 87
round関数 32,60
runserver 96

● S

SQLite3 133,163
SQLインジェクション 75
SSL 276
string型 27
Sublime Text 292

● T

TensorFlow 16
traceback.format_exc( ) 57
True 43
try except 55

● V

Visual Studio Code 292

● W

Web Server Gateway Interface 262
Webアプリケーション 76
Webアプリケーションフレームワーク 13
while 51
WSGI 262

● X

XSS 145

[五十音]

● あ

インスタンス 63
インタプリタ言語 15

● か

関数 60
管理ページ 102
クラス 63
繰り返し 51
クロスサイトクエストフォージェリ 146
クロスサイトスクリプティング 145
コンパイラ言語 15

●さ

シェルスクリプト ……………………………… 158

辞書 ……………………………………………… 43

四則演算 ………………………………………… 26

条件分岐 ………………………………………… 48

●た

ターミナル ……………………………………… 24

タプル …………………………………………… 41

テンプレート ……………………………… 77,112

テンプレートの継承 …………………………… 138

ドメイン ………………………………………… 276

●は

バケット ………………………………………… 250

パッケージ ……………………………………… 67

ビュー ……………………………………… 77,106

ファイルの読み込み …………………………… 69

ファビコン ……………………………………… 242

ブレイクポイント ……………………………… 58

プロジェクト …………………………………… 94

ベン図 …………………………………………… 46

変数 ……………………………………………… 31

●ま

マイグレーション ……………………………… 102

モジュール ……………………………………… 67

モデル ……………………………………… 77,119,192

●ら

ライブラリ ……………………………………… 67

リスト …………………………………………… 36

リレーション …………………………………… 128

例外処理 ………………………………………… 55

論理演算子 ……………………………………… 46

謝辞

　本書は、多くの方にご協力をいただき出版することができました。お世話になったみなさまをご紹介させていただきます。

　まず、株式会社エムディエヌコーポレーションの塩見さんの細やかなサポートに大変助けられました。何度も無理なお願いをしてしまいましたが、快くご対応いただきました。本当にありがとうございます。

　たくさんのボランティアの方にもご協力いただきました。初心者から上級者まで幅広い方々にご協力いただき、内容について率直なレビューをいただいたり、毎日のように活発な議論を交わしました。コロナ禍のため直接お会いすることはできませんでしたが、森岡久美さん、大城 翼さん、海老原 優さん、畑野良輔さん、小野花依さん、柳川拓輝さん、梅本晴也さん、そしてここではご紹介できませんが本当に多くの方のご協力があったからこそ本書の内容をブラッシュアップすることができました。本当にありがとうございました。

　最後に、関わってくださったすべての関係者の皆様と、支えてくれた家族への感謝で締めたいと思います。いつもありがとうございます。

田中 潤、伊藤 陽平

追記

　伊藤さんとは新宿区議選の選挙中に落合南長崎で出会い、そこから交流を深めて弊社のインターンに来ていただくことになりました。その際に「褒めることでつながるコミュニティー」プラットフォームである「posii」をDjangoで開発をしていただき、この本の執筆を一緒にとお願いしました。袖振り合うも多生の縁、この偶然の出会いに感謝しております。オードリー・タン氏のように開発もできる政治家として頑張ってもらいたいです。

　マスクド・アナライズさんからこの執筆の話を教えていただき、大変感謝しております。マスクの下をまだ見たことがない！

田中 潤

著者プロフィール

田中 潤（たなか・じゅん）

Shannon Lab株式会社 代表取締役。アメリカの大学で数学の実数解析の一分野である測度論や経路積分を研究。カリフォルニア大学リバーサイド校博士課程に在籍中の2011年、「ShannonLab」を立ち上げるために帰国。これまでの研究成果や技術を生かして、対話形式で有名人を当てる推測エンジン「Mind View」や、テキスト対話エンジン「Deep Love」など数々の人工知能エンジンを開発。開発する際は常にPythonを愛用。近年人工知能がホットな話題となり、数理研究とビジネスモデルの双方の視点からアドバイスを行い、企業の人工知能ビジネス立ち上げを多数手がけている。コンサルティングを重ね、人口知能サービスを商品化するためのビジネスプランを練り、企業との共同研究開発も行っている。

経歴

Marshall University 理学部　数学科　卒業
North Georgia University 理学部　物理科　卒業
University of California Riverside 理学部　数学科修士修得
University of California Riverside 理学部　数学科博士課程前期終了
(PhD candidate)

論文出版

J. Tanaka, Hahn Decomposition Theorem of Signed Fuzzy Measure, Volume 3 issue 3, Advances in Fuzzy Sets and Systems, October 2008.
J. Tanaka, Modern Set, Volume 4 Number 1, Advances in Fuzzy Sets and Systems, February 2009.
J. Tanaka, P. Mcloughlin, Realization of Measurable Sets as Limit Points, American Mathematical monthly, March 2010.
J. Tanaka, P. Mcloughlin, Construction of a Lattice on the completion Space of an Algebra and an Isomorphism, Far East Journal of Mathematical Science
高橋義典，小林真萌，田中潤，"音響レンズによる遅延和を利用した距離選択収音"，日本音響学会誌，72巻12号，pp. 761-763 (2016)
『Pythonプログラミングのツボとコツがゼッタイにわかる本』（秀和システム）
『誤解だらけの人工知能　ディープラーニングの限界と可能性』（共著、光文社）

書籍出版物

『誤解だらけの人工知能　ディープラーニングの限界と可能性』（共著、光文社）
https://www.amazon.co.jp/dp/4334043380
初版一万部。Amazon人工知能ランキングで最高6位（2018年3月1日現在）。人工知能について、誰にでも分かりやすく解説。
ビジネスに導入する際のリスクや、人工知能の今後の可能性・課題などについても詳しく書かれている。

『Pythonプログラミングのツボとコツがゼッタイにわかる本』（秀和システム）
https://www.amazon.co.jp/dp/4798048682
基礎からプログラミングまでブラックジャックゲーム作成を通じて楽しく学ぶことができ、Django、Redisを導入してブラウザ上で動く
Webアプリケーションとして利用する方法まで書かれている。

TV・ラジオ・雑誌など、メディア出演多数！
公式LINEにてAIの最新情報を無料でお届けしています！
メッセージをいただければ個別相談も可能です。
LINE限定でプレゼントも配布予定！

【Shannon Lab公式LINE】
登録はこちら → https://lin.ee/51AvzBZ
ID検索はこちら → @wcl3002n
QRコード読み取りはこちら →

伊藤陽平（いとう・ようへい）

日本暗号資産市場株式会社のエンジニアとして、ブロックチェーンやWebアプリケーションの開発を中心に行っている。元Shannon Lab株式会社のインターンとしてPython、Djangoの開発に携わる。また、新宿区議会議員（2期）、Code for Shinjukuの代表として行政のICT化やプログラミング教育にも取り組んでいる。

Web	https://codeforshinjuku.org
Twitter	@itoyohei_tw
GitHub	@codeforshinjuku

制作スタッフ

装丁・本文デザイン	赤松由香里（MdN Design）
カバーイラスト	武政 諒
編集・DTP	AYURA

協力	マスクド・アナライズ

編集長	後藤憲司
担当編集	塩見治雄

プロフェッショナル Webプログラミング

Django

2021年3月21日 初版第1刷発行

著者	田中 潤、伊藤陽平
発行人	山口康夫
発行	株式会社エムディエヌコーポレーション
	〒101-0051　東京都千代田区神田神保町一丁目105番地
	https://books.MdN.co.jp/
発売	株式会社インプレス
	〒101-0051　東京都千代田区神田神保町一丁目105番地

印刷・製本	中央精版印刷株式会社

Printed in Japan

【カスタマーセンター】
造本には万全を期しておりますが、万一、落丁・乱丁などがございま
したら、送料小社負担にてお取り替えいたします。
お手数ですが、カスタマーセンターまでご返送ください。

落丁・乱丁本などのご返送先
〒101-0051　東京都千代田区神田神保町一丁目105番地
株式会社エムディエヌコーポレーション カスタマーセンター
TEL：03-4334-2915

書店・販売店のご注文受付
株式会社インプレス　受注センター
TEL：048-449-8040／FAX：048-449-8041

内容に関するお問合せ先
株式会社エムディエムコーポレーション カスタマーセンター メール窓口

info@MdN.co.jp

本書の内容に関するご質問は、Eメールのみの受付となります。メールの
件名は「プロフェッショナルWebプログラミングDjango　質問係」、本
文にはお使いのマシン環境（OS、バージョン、搭載メモリーなど）をお書
き添えください。電話やFAX、郵便でのご質問にはお答えできません。ご
質問の内容によりましては、しばらくお時間をいただく場合がございます。
また、本書の範囲を超えるご質問に関しましてはお答えいたしかねますの
で、あらかじめご了承ください。

ISBN978-4-295-20106-9　C3055